응용초전도

디아스포라(DIASPORA)는 독자 여러분의 책에 관한 아이디어와 원고 투고를 기다리고 있습니다. 디아스포라는 전파과학사의 임프린트로 종교(기독교), 경제·경영서, 일반 문학 등 다양한 장르의 국내 저자와 해외 번역서를 준비하고 있습니다. 출간을 고민하고 계신 분들은 이메일 chonpa2@hanmail.net로 간단한 개요와 취지, 연락처 등을 적어 보내주세요.

응용초전도
전자추진선에서 초전도 자동차까지

–
초판1쇄 발행 1995년 02월 05일
개정1쇄 발행 2024년 12월 31일

–
지은이 이와타 아키라
옮긴이 편집부
발행인 손동민
디자인 김미영

–
펴낸곳 전파과학사
출판등록 1956. 7. 23. 제 10-89호
주 소 서울시 서대문구 증가로18, 204호
전 화 02-333-8877(8855)
팩 스 02-334-8092
이메일 chonpa2@hanmail.net
공식 블로그 http://blog.naver.com/siencia

ISBN 978-89-7044-689-9 (03420)

응용초전도

전자추진선에서 초전도 자동차까지

머리말

동서독 통일식전의 모습을 텔레비전으로 보고, 그리고 유럽 EC 제국의 경제 통합을 생각합니다. 드디어 21세기를 맞이하기 위한 서곡이 시작되었다는 실감을 강하게 받습니다. 실제로 유럽을 중심으로 한 국제 정치·경제의 무대에서는 신생 21세기를 향한 걸음을 날이 갈수록 빠르게 진행시키고 있습니다.

그것과는 반대로 과학 기술의 신세기를 향한 걸음은 어떤지 생각해보면 광기술, 바이오 기술, 초전도 기술, 우주 개발, 해양 개발 등의 주요한 말이 머릿속에 떠오르며 각각 가까운 장래의 실현 준비에 여념이 없는 것같이 보여지기도 합니다. 이런 주요한 말 중에서 이 책은 우리들과 가장 가까운 전화 사회에 있어 혁명적인 변화를 초래할 것이라고 일컬어지고 있는 초전도 기술에 초점을 맞추어 그 응용 전개의 꿈을 이야기하려고 합니다.

초전도는 1911년 네덜란드의 물리학자 카메를링 오네스(Kamerlingh Onnes, 1853~1926)가 발견한 이래의 긴 역사가 있습니다만 1960년대까지는 주로 물리학상의 특수 현상으로서 흥미의 대상이었고, 1970년대부터는 극히 한정된 분야에서 응용에 관심을 가질 정도여서, 우리들의 사회생활에는 별로 영향을 미치지 않았습니다. 그러나 1986년 스위스의 물리학자 베드노르츠 등에 의한 고온 초전도체의 발견, 나아가서 그 이후의 폭발적인 연구 개발 노력에 의해 초전도 기술이 우리들의 일상생활에까지 깊이 관계하게 될 가능성이 보였습니다. 이 상태로 기술 개발이 진행되면 초전도 발견 100주년에 해당되는 2011년은 그야말로 초전도 시대의 전성기일 것이란 것도 꿈은 아닙니다. 이러한 기대에 가슴이 부풀어, 21세기 초전도 시대의 연출자일 젊은 청소년들을 염두에 두고 묶어본 것이 이 책입니다.

이 책에서는 주로 ① 초전도 응용을 생각하기 위한 기초, ② 초전도 응용 연구의 현상을 이해하기 위한 한 예로 초전도 전자추진선의 소개, ③ 초전도 응용의 장래 전망에 대해서 해설했습니다. 또한 이 책의 스타일로서는 실험을 실연(實演)하면서 강연하는 식의 체재를 취했습니다. 그 까닭은 이러한 방법이 일반 젊은이들이 직관적으로 이해할 수 있으리라 생각했고, 저자 자신이 실험 물리학의 전문가이므로 이 방법 쪽이 원래의 경험을 전해드리기 쉽다고 여겼기 때문입니다. 그러나 그 대가로서는 설명의 정확성이 결여된 데가 여러 군데 있고 또한 초전도 응용으로서 다루어진 범위도 매우 한정되게 되었습니다만, "일점돌파 전면전개"란 말을 믿고 우선 이 책의 이해에 경주(傾注)하기 바랍니다. 그 후의 전면전개를 위해서는 이 책의 말미에 부기한 관련 도서 등을 펼쳐보는 것도 좋을 것입니다.

초전도는 전자 현상의 하나이므로 그 응용을 생각하기 위해서는 전기·자기에 관한 기초 지식이 중요합니다. 이 전자기학(電磁氣學)의 기초를 개척한 것은 영국의 자연과학자 마이클 패러데이(Michael Faraday, 1791~1867)이며, 그는 모터나 발전기의 원리를 발견함과 함께 지금까지의 초전도에는 불가결한 저온도 발생의 단서를 열고, 나아가서는 초전도 전자추진선에 중요한 해수 전기분해를 정량화한 사람으로, 그는 이러한 성과의 전부를 실험 연구로서 얻을 수 있다는 철두철미한 실험 과학자입니다. 그와 동시에 청소년에 대한 자연 과학 교육에도 열심이며, 약 40년간에 걸쳐 매년 크리스마스에 알기 쉬운 과학 실험 강좌를 개최했고, 그 강연록의 하나가 『촛불의 과학』(범우사, 2019)으로서 출판되어 있습니다. 이 책은 일찍부터 필자의 애독서 중의 하나인데 이 책을 집필하는 데 있어 많이 참고로 했습니다. 따라서 이 책은 그 내용이나 체재까지 위대한 패러데이에 힘입은 바가 매우 많습니다.

이 책의 특징은 이상과 같은데, 이 책이 다소나마 젊은이들이 초전도를 이해하는 데 일조가 되고, 풍요로운 살기 좋은 21세기 초전도 사회의 창출에 조금이라도 도움이 된다면 그 이상의 기쁨이 없겠습니다.

끝으로 이 책을 집필할 수 있는 동기를 부여해주시고, 원고를 살펴보고 여러 가지로 가르침을 주신 고베(神戸) 상선대학 명예교수 사지(佐治吉郎) 선생님, 또한 이 책의 출판에 있어 여러 가지로 수고하신 고단샤 과학 도서 출판부 야나기다(柳田和哉) 씨, 그리고 저자의 난필 메모를 근거하여 워드프로세싱으로 원고를 정리해준 처 미치코에게 진심으로 감사드립니다.

1990년 10월 쓰쿠바에서

이와타 아키라

차례

1장

초전도의 성질

"초전도는 전기 저항이 0이라는 대단한 특징을 갖고 있다고 하는데, 그 대단함을 실감할 수 없다"라는 것은 흔히 듣는 말이다. 그러므로 이 장에서는 초전도의 거시적인 특징 세 개를 다루고, 그것의 특징을 실험적으로 체험함과 함께 종래의 상전도의 경우와 어떻게 다른가를 예를 들어 설명하고자 한다.

전기 전도 0은 얼마나 대단한가

여기에 두 줄의 전선이 있습니다. 단면은 가로 0.2㎜, 세로 1㎜의 장방형으로 외관은 양쪽 모두 구리선과 똑같습니다. 그도 그럴 것이 한쪽은 진정하게 순수한 구리선입니다. 간단히 휘어집니다. 그러나 다른 한쪽은 초전도선이어서 구리선에 비해 매우 단단하게 느껴집니다. 이 초전도선 쪽도 원래는 구리지만 그 속에는 나이오븀-티타늄 합금의 지름약 30μ(30미크론, 0.03㎜)의 가는 선이 가득 차 있으므로 약간 단단한 것입니다. 구리와 나이오븀-티타늄의 단면적 비는 약 1입니다. 그러면 이두 줄의 전선에 약간 전류를 흐르게 하여 양단의 전압을 측정해보겠습니다. 우선 구리선 쪽은 1A(암페어) 세기의 전류를 흐르게 하여 전압이 50㎷(밀리볼트), 따라서 이 구리선의 전기 저항은 50㎷÷1A로 50mΩ(밀리옴)입니다. 그것과 반대로 초전도선 쪽은 1A를 흐르게 하며 전압이 100㎷, 따라서 이 초전도선의 전기 저항은 100mΩ 입니다. 이처럼 초전도선의 전기 저항은 상온에서는 같은 굵기의 구리선보다 높습니다.

그러면 이 두 줄의 전선을 보온병 속에 넣고 그 위에 액체 헬륨을 부어냉각시켜봅시다(그림 1.1). 이 액체 헬륨은 미국에서 공수로 직수입된 것입니다. 유감스럽게도 일본에서 헬륨은 거의 채취되지 않습니다. 이 액체 헬륨의 끓는점은 -269℃(절대온도로 4.2K)로, 지구상의 자연에 존재하는 원소중에서는 가장 낮은 것입니다. 그래도 1L에 2,000엔 정도로, 웬만한 위스키보다도 쌉니다. 이 액체의 증발가스, 즉 헬륨가스는 대단히 가볍습니다.

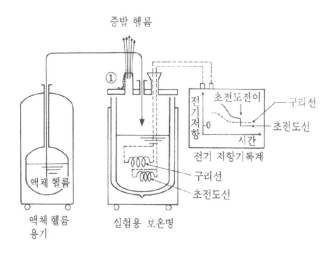

그림 1.1 | 전기 저항 0의 실험 장치

액체 헬륨은 금속 용기에 들어 있습니다. 액체 헬륨은 물의 약 500배나 증발하기 쉬우므로, 즉 같은 입열로 수증기의 500배나 헬륨가스가 발생하기 때문에 이 용기는 보온병처럼 이중으로 되어 있고, 그 사이를 진공으로 하여 또한 슈퍼인슐레이션이라는 특수한 단열재가 들어 있습니다.

그러면 밸브를 열어 액체 헬륨을 보온병에 넣고 구리선과 초전도선을 냉각시키겠습니다. 유감스럽게도 액체 헬륨은 물처럼 한꺼번에 들어가지 않습니다. 보온병이나 그 속에 있는 것의 온도가 충분히 내려가지 않으면 액체 헬륨은 고이지 않습니다. 이러한 실험을 할 때는 우선 액체 헬륨을 고이게 하는 것이 매우 어려운 일입니다. 그럼 액체 헬륨이 들어가는 것과 두 줄의 전선의 전기 저항 변화를 잘 보기로 합시다. 전기 저항은 펜식 기록계에 기록되게 됩니다. 전기 저항이 높은 쪽이 초전도선이고 낮은 쪽이 구리선입니다. 헬륨가스는 희소한 지하자원이므로 보통은 이 증발가스를 회수하여 압축기로 압축하여 헬륨 액화기에 넣어서 다시 액체 헬륨으로 환원시킵니다. 이 가스를 마시고 말을 하면 디즈니 영화의 도널드덕 같은 목소리가 나게 됩니다. 그 까닭은 헬륨가스와 공기에서의 소리의 진행 속도가 다르기 때문에 생겨나는 것입니다.

증발가스가 솟아나는 것이 매우 힘차게 되었고 색도 약간 희게 되기 시작했습니다. 이것은 보온병 속이 매우 차가워졌다는 증거입니다. 이 흰 것은 증발가스 주변 공기의 수분입니다. 보십시오. 매우 희게 되었습니다. 이쪽의 기록계를 보면 전기 저항도 매우 낮아졌습니다. 그러나 초전도선의 전기 저항이 구리선의 약 2배라는 관계에는 변함이 없습니다. 여러분은 여기에 주목해주십시오(그림 1.1 ①). 무엇인가 액체가 흘러 떨어지기 시작했습니다. 이게 무엇이라고 생각됩니까. 액체 헬륨은 아닙니다. 실은 이것은 공기입니다. 액체 공기인 것입니다. 대체로 -190℃ 이하가 되면 공기는 액체가 됩니다. 그 정도로 이 헬륨가스 출구의 온도가 낮아진 것입니다. 우리들이 언제나 호흡하는 공기도 이처럼 냉각하면 액체가 됩니다. 흔히 가스를 냉각하면 액체가 된다는 생각은, 전자기학자로 유명한 영국의 과학자 패러데이가 말한 것입니다. 그는 세계에서 처음으로 염소를 액화하여 이런 생각을 하기에 이르렀습니다.

자, 보온병에 주목합시다. 이 정도까지 냉각되면, 곧 이 보온병 속에 액체 헬륨이 고이게 됩니다. 초전도선도 구리선도 전기 저항은 거의 일정한 값이 되었습니다. 이것을 잔류 저항이라고 합니다. 이 잔류 저항도 초전도선은 구리선의 약 2배입니다. 그러면 앞으로는 어떻게 될까요. 지금 온도는 약 -260℃입니다. 초전도선의 전기 저항에 주목해주십시오. 기록선의 곡선 말입니다(그림 1.1의 실선 쪽). 앗, 전기 저항이 갑자기 떨어지기 시작했습니다. 이런, 이런, 초전도선의 전기 저항을 보십시오. 그 사이에 0이 되었습니다. 이것으로 이 초전도선은 초전도 상태가 된 것입니다. 액체 헬륨도 고이기 시작했습니다. 물하고는 달리 거품은 매우 적고, 표면에서 거품이 이는 것도 매우 적지요, 이것이 액체 헬륨의 특징입니다. 액체 헬륨은 점성이 매우 작은, 즉 매우 매끄러운 끈적임이 없는 액체이므로 이처럼 잘 거품이 생기는 것입니다.

전기저항은 왜 생길까

이것으로 초전도선의 전기 저항 0은 실감할 수 있었으리라 여겨지므로, 여기서 잠시 이 전기 저항 0의 의미를 생각해봅시다. 전기 저항이란 앞에서 계산했듯이 전압을 전류로 나눈 것입니다. 그러므로 우선 전류인데, 이것은 아시다시피 전자의 흐름입니다. 전자는 마이너스 전하를 띤 무게 약 10-30㎏(정지 질량)이라는 작은 알맹이로 물질 중에 가득차 있습니다. 특히 금속 속에는 자유롭게 뛰놀 수 있는 전자가 많습니다. 이 전류를 가령 전쪽으로 흘리려고 한다면, 전자는 마이너스 전하를 띠고 있으므로 전선의 오른쪽으로 전자를 끌어당길 수 있는 플러스 전위로, 왼쪽을 전자가 반발하는 마이너스 전위로 하면 전자는 흐릅니다. 이 플러스 전위와 마이너스 전위의 차를 전압이라고 합니다.

　그러나 금속 중에는 이 금속의 모양을 이루고 있는 원자(구리 원자나 철 원자)가 다수 배열하고 있으므로, 당연히 전자는 이 원자하고 충돌하여 흐름이 저해됩니다. 이러한 원자의 저항을 이겨내어 전자를 흐르게 하는 힘이 전압입니다. 따라서 전류를 많게, 즉 전자를 빨리 흐르게 하려면 의당 이 전압을 높일 필요가 있습니다. 그만큼 전자는 원자하고 세게 충돌하여 전자의 에너지를 많이 소비합니다. 그러므로 큰 전류를 흐르게 하려면 그만큼 많은 에너지, 즉 전력을 필요로 합니다. 이 경우, 전압×전류가 이 전류를 흐르게 하는 데 필요한 전력이 됩니다. 지금까지의 설명으로 알 수 있듯이 전선에 전류를 흐르게 하는 경우의 전력, 즉 에너지는 금속 중의 전자가 금속 원자에 충돌함으로써 소비되지만, 전자에 충돌된 원자는 약간 진동이 커지고 온도가 약간 상승합니다. 이처럼 전선에 전류가 흐르게 하는 데 필요한 전력의 일부는 전선의 온도를 올리는 데 쓰이는 것입니다.

　이상의 설명은 구리선 같은 상전도선의 경우이고 초전도선에서는 전기 저항이 없는, 즉 초전도 전자는 금속 원자하고 충돌하지 않으므로 전선의 온도를 높이는 일이 없습니다. 이것을 바꾸어 말하면, 초전도 전자는 에너지를 불필요하게 소모하지 않는 에너지 절약형 전자라고 할 수 있습니다. 그것을 확인하기 위해서 앞에서 말한 액체 헬륨 속의 구리선과 초전도선에 전류를 흐르게 해봅시다. 그러면 이 보온병 속의 구리선과 초전도선을 보기 바랍니다. 전보다는 약간 헬륨의 액면이 낮아졌지만, 아직 구리선과 초전도선은 완전히 액체 헬륨에 담겨 있습니다. 이런! 이것을 봐주십시오. 액체 헬륨 속에 흰 눈 같은 것이 천천히 내려앉고 있습니다. 이것을 무엇이라고 생각합니까. 이것도 공기인 것입니다. 헬륨 가스의 증발구가 대기에 개방되어 있으므로 거기에서 들어온 공기가 눈이 되어 액체 헬륨 속으로 내리고 있는 것입니다. 앞에서 약 -190℃에서 공기가 액체로 된다고 말했지만, 더욱 온도가 내려가 -210℃ 이하가 되면 공기는 고체, 즉 공기의 얼음이나 눈이 됩니다. 공기의 눈, 이 속은 그야말로 추운 세계입니다. 그렇지만 어딘가 다른 천체에서는 헬륨과 수소의 혼합가스를 호흡하면서 공기의 눈으로 눈싸움을 하고 있는 문명인이 있을지도 모르지요. 그러한 천체의 우주인이 만일 지구에 오면 눈이 증발하여 생긴 기체상의 공기 속에서 생활하고 있는 지구인을 보고, 얼마나 더위에 강한 생물인가 하여 깜짝 놀랄 것입니다.

구리선과 초전도선에 전류를 흐르게 할 준비가 다 된 것 같습니다 (그림 1.2). 이것이 전류계이고, 이것이 전압계입니다. 이 전압계는 초전도선의 양단에 이어져 있습니다. 이것들은 이 펜식 기록계에 기록되게 되어 있습니다. 이 기록계와 보온병 속을 주목하기 바랍니다. 우선 구리선에 전류를 흐르게 하겠습니다. 자, 전류가 흐르기 시작했습니다. 구리선의 둘레에는 헬륨 거품이 가득합니다. 보시는 바와 같이 헬륨이 점점 증발합니다. 마치 구리선의 전열기로 헬륨을 끓이고 있는 것 같습

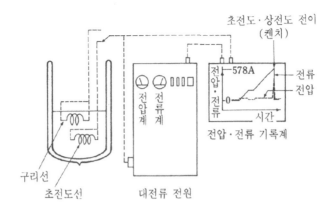

그림 1.2 | 임계 전류 실험 장치

니다. 이 이상 헬륨을 낭비할 수 없으므로 구리선에 대한 통전(通電)은 멈추도록 하겠습니다. 보통 가정에서 구리선 코드를 사용하고 있는데 이토록 구리선이 발열하고 있으리라고 생각조차 하지 못했겠으나, 액체 헬륨은 특히 증발하기 쉬우므로 증발하는 상태가 눈에 잘 보이는 것입니다.

그럼 다음에는 초전도선에 전류를 흐르게 해봅시다. 시작합니다. 자, 전류가 흐르기 시작했습니다. 그러나 초전도선 양단의 전압은 0입니다. 그리고 보온병 속에도 아무런 변화가 없습니다. 만일 초전도선 속의 전자가 금속 원자와 충돌해 열이 되어 있다면 앞의 구리선과 같이 액체 헬륨은 즉시 증발할 것입니다. 그러나 보시는 바와 같이, 지금은 전류가 100A로 상승하고 있으나 액체 헬륨의 이상한 증발은 없습니다. 이것으로 초전도선은 전혀 에너지 손실이 없다는 것을 납득했으리라 여겨집니다.

그러면 이 전룻값을 더욱 증가시켜봅시다. 지금은 350A입니다. 400A입니다. 450A, 500A. 도대체 어디까지 전류를 증가하게 될까요. 550A. 앗, 전압이! '펑'(전원의 차단기가 끊어지는 소리). 전압이 오르기 시작한 찰나에 전류는 0이 되었습니다. 그와 동시에 액체 헬륨의 증발이, 보는 바와 같이 심해지고 있습니다. 이것은 퀜칭(quenching)이라는 현상으로 전기 저항 0의 초전도 상태에서 전기 저항의 어느 통상의 상전도 상태로 전이한 것입니다. 그 때문에 전압이 발생하고 그 전압을 검지하고 전원은 자동으로 절단되었습니다. 전원이 절단되기까지의 짧은 시간에 상전도 상태의 초전도선이 발열하고 그것으로 액체 헬륨이 증발한 것입니다.

이처럼 초전도선은 얼마든지 큰 전류를 흐르게 할 수 있는 것은 아닙니다. 임계 전류(臨界電流)라는 것이 있어 이것보다도 큰 전류는 흐를 수 없습니다. 지금 사용한 초전도선으로는 578A이고 단면적은 약 0.2㎟이므로 전류 밀도는 약 3,000A/㎟입니다. 통상의 구리선으로는 1㎟당 약 5A(수냉형 구리선)이므로 초전도선에는 구리선 대비 약 600~1,000배의 전류가 흐를 수 있으며 게다가 전력의 소비가 없습니다. 이것이 초전도의 응용을 생각하는 데 있어서 가장 중요한 요점입니다.

이러한 초전도선으로 큰 전력을 송전하면 대단히 큰 위력을 발휘합니다. 실제로 일본의 주간 송전선에서는 최고 10%의 송전 전력이 이 전기 저항으로 소비되고 있습니다. 초전도 송전으로는 이러한 손실이 전혀 없어지게 되는 셈입니다. 그러나 실제로는 초전도선을 액체 헬륨으로 냉각시켜야 하므로, 그 때문에 상당한 전력이 필요하니 현상으로는 별로 장점이 없습니다. 그러나 냉각하지 않고 상온에서 사용할 수 있는 초전도선이 출현하면 냉동기의 전력은 필요 없게 되므로 초전도선에 의한 송전은 대단한 장점이 됩니다. 상온 초전도선이 실현되면 바다를 건너는 장거리 전력수송도 가능합니다. 지금까지는 정보 전달은 해저케이블을 사용하여 삽시간에 이루어지고 있습니다만 가까운 장래에는 전력 에너지도 바다를 건너 순간적으로 보내지게 되어, 국제 협력 관계도 한층 더 발전하게 될 것입니다. 이처럼 상온 초전도재에 큰 기대와 꿈이 걸려 있습니다.

영구 전류는 영구한가

앞 절에서는 전기 저항이 0이 되는 실험을 보여드렸습니다만 여기에서는 한 걸음 나아가 영구 전류의 실제를 체험해보기로 합시다. 영구 전류란 전기 저항 0의 초전도체 고리에 전류를 흐르게 하면 감쇠하지 않고 반영구적으로 계속 흐르는 전류를 말합니다. 이러한 현상은 자장 발생기나 전지 등, 여러 가지 분야에서 그 응용이 생각될 수 있습니다.

앞 절에서는 액체 헬륨을 사용해 초전도선을 −260℃까지 냉각하는 데부터 보여드렸지만 여기에서는 시간 절약을 위해 초전도선은 미리 액체 헬륨으로 냉각되어 있습니다. 이 보온병 속에는 그림 2.1에 나타낸 것 같이 초전도 코일과 영구 전류 스위치가 들어 있습니다. 초전도 코일과 영구 전류 스위치는 직렬로 연결되어 있어 폐(閉) 루프를 구성하고 있습니다. 영구 전류 스위치는 초전도선에 히터선을 돌린 것으로 히터를 절단한 상태에서는 초전도 상태로 되어 스위치 온(switch on)이 되고 히터를 켜면 상전도 상태가 되어 스위치 오프(switch off)가 됩니다.

이 보온병 속의 초전도 코일에 전류를 흘려 자기장을 발생시키면 이 철의 가느다란 사슬이 코일 쪽으로 끌어당겨집니다. 좀 더 자세히 말하면 이 철제의 사슬이 초전도 코일의 자기장에 의해 자석이 되어 초전도 코일에 끌어당겨집니다. 그러므로 이 사슬의 움직임을 보면 초전도 코일에 전류가 흐르고 있는지 어떤지를 판단할 수 있습니다. 지금은 사슬이 곧바로 드리워져 있으므로 코일에 전류는 흐르고 있지 않습니다.

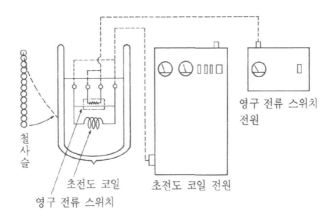

그림 2.1 | 영구 전류 모드 실험 장치

자 그러면 실습을 시작합시다. 우선 영구 전류 스위치를 오프로 둡니다. 그러기 위해서 영구 전류 스위치의 히터를 넣습니다. 이것으로 영구 전류 스위치의 초전도선은 상전도 상태, 즉 고저항으로 되었습니다. 그러면 초전도 코일에 천천히 전류를 흐르게 합니다. 10A, 20A···. 이 초전도 코일은 앞 절에서 보여드린 초전도선과 같은 선으로 만들어져 있으므로 코일에 의한 자체 자장을 고려하여도 200A 정도는 흐르게 할 수 있으나 여기서는 100A 통전을 하겠습니다. 앞 절에서는 설명하지 않았으나 초전도선에 흐르는 전류는 그 초전도선이 받는 자장이 클수록 적어집니다. 지금 사용하고 있는 초전도선인 나이오븀-티타늄 합금선은 현재는 가장 일반적인 초전도선으로 1만G(가우스)가 되면 급격하게 저하하여 약 100A이지만, 그 이상의 자기장에서는 전류 밀도가 매우 작아져 실용적이 아니므로 나이오븀-티타늄을 대신하여 나이오븀-주석 화합물 초전도선을 사용합니다. 자, 지금 통전값은 100A가 되었습니다. 말하고 있는 사이에 보시는 것처럼 철 사슬은 강하게 초전도 코일 끝에 당겨져 있습니다.

여기에서 영구 전류 스위치에 전류를 넣는다는 것은 이 히터를 절단하는 것입니다. 즉, 영구 전류 스위치의 초전도선을 초전도 상태, 전기 저항 0으로 하는 것입니다. 이것으로 초전도 코일을 영구 전류 모드로 할 준비가 되었습니다. 그러면 초전도 코일 전원의 전류를 낮추겠습니다. 80A, 60A, …. 지금은 50A까지 낮추었지만 이 철 사슬은 100A 때와 같이 여전히 초전도 코일에 끌어당겨져 있습니다. 더 전류를 낮추어 봅시다. 30A, 10A, 0A, 드디어 전원의 전류가 0이 되었습니다. 그래도 사슬은 초전도 코일에 강하게 끌어당겨져 있습니다. 그런데 이대로는 무엇인가로 조작되어 전류계의 바늘만이 0으로 되어 있는 것으로 여겨져서는 곤란하므로, 감연히 전원과 초전도 코일을 잇고 있는 전선도 빼버립시다. 이 전선의 선단은 -269℃라는 극저온이므로 동상을 입지 않도록 주의가 필요합니다. 이것으로 전원과 초전도 코일은 완전히 분리되었습니다. 그래도 초전도 코일에는 계속 전류가 흐르고 있으므로 사슬은 끌어당긴 채입니다. 이것은 절대로 요술도 아무것도 아닙니다. 그림 2.2에서 보듯이 전류는 초전도 코일과 영구 전류 스위치로 구성된 폐쇄된 회로를 흐르고 있는 것입니다. 만일 이것이 보통의 구리선이라면 앞 절에서 이야기한 전기 저항 때문에 전원을 절단하면 전류는 바로

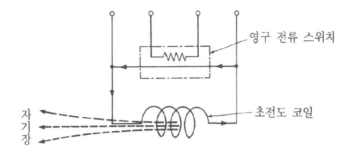

그림 2.2 | 영구 전류 모드 초전도 코일의 전류 경로

0이 되지만 초전도 코일의 전기 저항은 0이므로 보시는 대로 전류는 계속 흐릅니다. 이처럼 계속 흐르는 전류를 영구 전류라 하며, 이러한 초전도 코일의 사용법을 영구 전류 모드라 합니다. 이 실험으로서도 초전도선은 전기 저항이 0이라는 것이 입증되었습니다. 실제로 초전도체의 전기저항 0의 실증은 이 영구 전류를 수년 동안 계속 흐르게 하는 것으로 실행되었습니다. 이 영구 전류 실험이 수년으로 끝난 것은 영구 전류가 감쇄했기 때문이 아닙니다. 초전도 상태를 유지하기 위해서는 매일 액체 헬륨을 보급할 필요가 있고 그것이 인력적으로나 경제적으로 부담스러워 이 실험은 중단되었습니다.

전원 없이 영구 전류를 흐르게 하는 방법

영구 전류를 흐르게 하는 방법으로서 더욱 간단한 방법이 있습니다. 그것은 이쪽에 준비되어 있습니다. 전원을 사용하지 않고 초전도선의

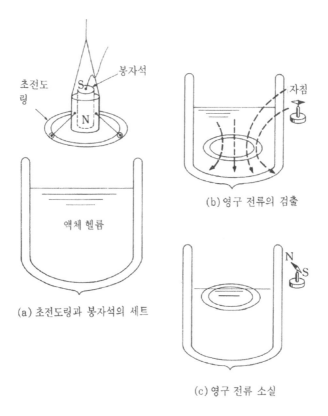

그림 2.3 | 영구 전류의 발생

고리와 봉자석만으로 영구 전류를 흐르게 하는 것입니다. 이 초전도 고리와 봉자석 세트(그림 2.3)를 그대로 살짝 액체 헬륨 속에 담급니다. 역시 헬륨가스가 힘차게 증발합니다. 이 증발이 가라앉으면 조금 전의 초전도 링은 초전도 상태가 되어 있을 터입니다. 그러면 액체 헬륨 속의 봉자석을 뽑겠습니다. 자, 뽑았습니다. 봉자석은 몹시 차가우므로 이 표면에는 공기가 액체로 되어 있습니다. 흰 연기를 내면서 떨어지고 있는 것이 액체 공기로서 아래에 떨어지면 바로 공기로 되돌아갑니다. 그러면 이 보온병에 주목해주십시오. 지금은 이 보온병 속의 초전도 링에는 전류가 계속 흐르고 있을 터입니다. 실은 앞 절에서 사용한 전류계를 잇고 싶었으나, 유감스럽게도 전류계는 상전도이므로 이것을 잇는 순간에 전류는 0이 됩니다. 그러므로 여기에 자석침을 갖고 왔습니다 (그림 2.3 ⓑ). 이 자석침은 보통은 남북을 가리키고 있으나 전류가 흐르고 있는 링에 접근시키면 그 링에서 발생하고 있는 자기장에 자석침이 끌리어 자석침은 방향을 바꿉니다. 그러면 이 자석침을 초전도 링에 접근시켜봅시다. 자, 보십시오(그림 2.3 ⓑ). 자석침은 이 보온병 속의 초전도 링 쪽으로 방향을 바꿉니다. 이것은 이 링에는 전류가 계속 흐르고 있다는 것을 의미합니다. 그러면서 이 전류는 영구 전류입니다.

그렇지만 정말 조금 전의 초전도 코일에 그러한 영구 전류가 흐르고 있을까 하고 반신반의 분들도 많은 것 같으며, 시초부터 과학은 의심하는 것이 원점이니 반신반의 하는 것은 매우 바람직하다 여겨지므로, 그 생각을 풀어드리기 위해서 보온병 속의 초전도 링을 상전도 상태로 되돌려놓아봅시다. 그렇게 했더니 조금 전부터 말하고 있는 이유 때문에 영구 전류는 즉시 소실되고 이 자석침은 남북으로 되돌아갈 것입니다. 초전도 상태를 상전도 상태로 하는 데는 온도를 높이는 것이 가장 간단하므로 초전도 링을 살짝 끌어올려 액체 헬륨 위로 내놓습니다. 그러면 링을 올리겠습니다. 점점 올라옵니다. 자, 액체 헬륨의 액면에서 나왔습니다. 이 자석침을 똑똑히 봐주십시오. 아직은 확실하게 초전도 링의 방향을 향하고 있습니다. 지금 링의 상단이 액체 헬륨에서 나왔습니다. 보세요. 거의 동시에 자석침은 링 쪽을 향하는 것을 멈추고, 남북 방향을 중심으로 진동하기 시작했습니다(그림 2.3(c)). 정말, 자연은 냉혹합니다. 이 링이 조금이라도 상전도체가 되면 그 찰나에 자석침은 모르는 체하는 것이니, 어쨌든 이런 식으로 상전도로 되면 영구 전류는 일시에 소실됩니다. 그것은 바로 초전도 상태일 때는 전류가 계속 흘렀다는 것입니다.

자, 그러면 더욱 다짐하기 위해서 다시 한번 영구 전류를 흐르게 해 봅시다. 이 상태에서 우선 자석침을 멀리하고 앞에서 말한 봉자석을 상전도 상태의 초전도 링 속에 되돌립니다. 그리고 다시 한번 액체 헬륨 속에 담급니다. 그리고 봉자석을 뽑아, 이것을 멀리하고 자석침을 가져옵니다. 그러면 어떻습니까. 이번에는 바로 자석침은 초전도 코일 쪽을 향합니다. 제대로 영구 전류가 재현되었습니다.

이러한 영구 전류는 어떻게 하여 발생하는 것일까요. 그 메커니즘을 그림 2.4에 나타냈습니다. 우선 링을 상전도체 상태로 하고 봉자석으로 자장을 일으키면 자력선은 링 도체 속에도 혹은 링의 바깥쪽에도 안쪽에도 침투됩니다. 그 후에 링을 초전도 상태로 합니다. 그러면 자력선을 링 도체를 옆질러 바깥쪽으로 나갈 수 없게 됩니다. 왜냐하면 초전도체는 자력선을 통과시키지 않는 성질을 갖고 있기 때문입니다. 이 초전도체의 성질은 마이스너 효과라고 불리는 것으로 이것에 대해서는

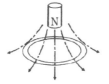

① 초전도체의 링
을 상전도 상태로
하여 자기장을
인가한다.

② 자기장을 인가
한 채로 링을 초
전도 상태로 한다.

③ 자석을 철거한
다.

그림 2.4 | 영구 전류 발생의 메커니즘

다음 절에서 이야기하겠습니다. 이처럼 해서 봉자석을 뽑으면 링 안쪽
의 자력선에 의해 바깥으로 나갈 수 없고 그림 2.4 ③처럼 그래도 링 안
쪽에 남습니다. 그러나 이러한 자력선은 초전도 링이 전류가 흐르지 않
으면 발생하지 않으므로 이 초전도 링에는 전류가 흐르고 있다고 단언
할 수밖에 없습니다. 그것도 영구 전류가 흐르고 있는 것입니다. 이러
한 방법을 사용하면 전원이나 영구 전류 스위치 없이도 간단하게 초전
도 코일에 영구 전류를 흐르게 할 수 있습니다.

이러한 초전도의 특징은 무엇에 사용될 수 있을까요. 하나는 영구
자장 발생기, 즉 영구 자석의 대체입니다. 초전도 코일만이므로 매우
가볍고 또한 강자장이고 그 위에 한번 여자(勵磁)하면 다음은 전원도 필
요 없는 자기장 발생기가 실현됩니다. 이것을 사용한 것이 일본의 철도
종합기술연구소에서 개발 중인 꿈의 초고속 철도-초전도 자기 부상 철

도입니다. 이 차량에는 영구 전류 모드의 초전도 코일이 탑재되어, 이 코일의 자기력으로 부상 그리고 주행을 하고 있습니다.

또 하나의 용도는 전지입니다. 코일에 전류가 흐르고 있다는 것은 전기가 고여 있다는 것과 같은 것입니다. 이것에 대해서는 나중에 제5화에서 보여드릴 예정입니다만, 이 용도에서도 만일 상온의 초전도재가 실용화되면 현재의 콘덴서보다 더욱 강력한 초전도 축전기가 나타날지도 모릅니다.

현재 영구 전류 모드 초전도 코일이 위력을 발휘하고 있는 것은 의료 진단용의 MRI-CT 장치(핵자기 공명 단층 진단 장치)입니다. MRI-CT 장치는 특히 고도의 자기장 안정성이 요구되므로 그것을 실현하기 위해서 영구 전류 모드 초전도 코일이 한몫을 하고 있습니다. 실제로 현재 일본에 도입되어 있는 MRI-CT 장치 중 약 70%, 장치 대수로는 400대 이상이 이 초전도 코일형인데, 이러한 사실은 초전도 코일의 특징을 충분히 발휘한다면 상온 초전도가 아니라 액체 헬륨 냉각으로도 충분히 사회에서 받아들여진다는 것을 의미하고 있습니다.

이 절의 마지막으로 영구 전류는 진정으로 영구한가라는 문제를 좀 생각해봅시다. 해답은 '예'입니다. 그러나 이것은 초전도체 내에서의 이야기입니다. 실제 초전도 코일에서는 초전도선을 연결하거나, 영구 전류 스위치를 결선(結線)하기 때문에 그 결합부에서의 전기 저항은 근소하다 할지라도 피할 수는 없습니다. 따라서 영구 전류는 서서히 감소합니다. 그러므로 앞에서 이야기한 MRI-CT 장치에서는 1년에 한 번은 초전도 코일에 추가 충전을 합니다. 그러나 초전도체 내에서는 전혀 전기 저항이 없고 영구 전류는 영구히 계속됩니다.

이렇게 말하니, 가령 초전도체의 폐쇄 루프 속을 전자가 흐르고 있어 전혀 에너지를 손실하지 않는다는 것이 일상의 경험과 어긋난다고 생각하는 사람도 많겠지만, 그러한 걱정을 할 필요는 없습니다. 이러한 영구 전류 같은 일은 일상다반사입니다.

예를 들면 여기에 있는 공기, 이것은 산소와 질소의 혼합가스입니다 다만 산소가스는 산소 원자핵의 둘레에 전자가 빙빙 돌고 있는 것으로, 이 전자도 전혀 에너지를 손실하지 않고 돌고 있습니다. 만일 이 전자가 에너지를 손실하게 된다면 지금쯤은 물질이란 것은 이 우주에는 남아 있지 않을 것입니다. 요는 전자를 구슬로 생각하고 그것이 돌고 있다는 이미지가 좋지 않은 것입니다.

이 대극(對極)으로서는 전자란 진공 속으로 퍼져나가는 파도라는 이미지가 필요한 것입니다. 더욱 이것은 전자의 특수성이 아니고, 모든 물질이 그렇습니다. 이것이 현재의 물질관이며 양자론적 물질관이라 말하고 있습니다. 이러한 양자론적 특성은 통상은 전자로 대표되는 미시적인(마이크로한) 세계에서밖에 볼 수가 없습니다. 초전도 현상은 이 양자의 세계가 우리들의 매크로의 세계에까지 얼굴을 내민 특수한 현상이라 말할 수 있습니다. 이 이상은 이 책의 범위를 일탈하므로 흥미를 가지신 분은 이 분야의 전문 해설서로 공부하시기 바랍니다.

초전도는 자기장을 싫어한다

물질에는 크게 나누어 강자성체와 비자성체가 있습니다. 강자성체는 그 체내에 마이크로 자석을 다수 갖고 있어 외부에서 자장이 미치면 마이크로 자석은 감응하여 힘을 발생합니다. 철은 그 대표적인 예입니다. 특히 이 마이크로 자석의 방향을 맞추고 그것이 흐트러지지 않게 굳힌 것이 영구 자석이며 외부에서 자장이 미치지 않아도 자기 자신으로 자장을 발생시킵니다.

그것과는 반대로 비자성체는 체내에 그러한 마이크로 자석을 갖고 있지 않거나, 갖고 있어도 그 수가 적은 것을 말합니다. 이 경우는 외부로부터의 자장에 대해 극히 미소한 감응밖에 하지 않습니다. 생활 주변에 있는 물건은 거의 전부가 비자성체입니다. 예를 들면 어제의 실험에서 사용했던 유리 보온병인데, 만일 유리가 강자성체라면 영구 전류 모드의 초전도 코일은 유리에 붙어버려 어떤 결과가 나올지 상상할 수 없으나, 다행히도 유리는 비자성체이므로 자장에는 아무것도 감응하지 않았습니다. 그것과는 반대로 보온병의 밖에 달려 있는 철 사슬은 강자성체이므로 보온병 속의 초전도 코일에 감응되어 끌어당겨졌던 것입니다.

그러나 비자성체라도 그것이 금속 같은 도전체인 경우는 자장에 강하게 감응하는 일이 있습니다. 그것은 전자 유도라는 현상에 기인합니다. 이것에 대해서는 제6화에서 상세하게 설명하겠지만, 한마디로 말하면 도전체에 머물고 있는 자기장이 증가 중에는 도전체 내에 그 자기

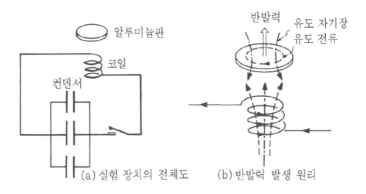

그림 3.1 | 유도 반발 실험

장의 증가를 억제하는 방향으로 전류가 유도됩니다. 그 결과로 그 도전체에는 자기장 발생체에서 떨어지는 방향으로 힘이 작용합니다. 그 실례를 간단한 실험으로 보여드리겠습니다.

여기에 구리선 코일과 알루미늄판이 있습니다(그림 3.1ⓐ). 구리선 코일은 스위치를 매개하여 큰 용량의 콘덴서에 이어져 있습니다. 곁들여서 여기에 갖고 온 콘덴서는 약 10mF(밀리파라트)로, 전기에너지로 약 1kJ(킬로줄) 축전할 수 있습니다. 참고로 말씀드리지만 1kJ의 에너지란 약 240㎈를 말하며, 이것을 5초 동안에 다 소비하면 그때의 소비 전력은 J(줄)을 초로 나누어 200W(와트)가 됩니다.

어쨌든 그러한 장치로 코일에 전류가 흐르게 되면 코일 전류가 급상승할 때는 위에 있는 알루미늄판에서 자기장이 급상승하려고 하므로 알루미늄판 중에 그 자장에 반발하는 유도 전류가 흘려, 그 결과로 알루미늄판은 위쪽으로 힘을 받습니다(그림 3.1(b)). 그러면 해봅시다. 스위치를 넣습니다. "딱, 딱" 보십시오. 알루미늄판은 이렇게 높이 2미터나 뛰어올랐습니다. 계산으로는 이 알루미늄판에는 순시에 500㎏이나 되는 힘이 작용하고 있습니다. 이처럼 비자성체조차 이 정도로 강하게 자장의 힘을 받는 것입니다. 그리고 그 힘의 방향은 강자성체와 같은 흡인력이 아니고 역으로 반발력입니다.

이 원리는 여러 가지 곳에서 응용되고 있습니다만 가장 유명한 것은 제2화에서 소개해 드린 초전도 자기 부상 철도입니다. 이 경우는 그림 3.2에 나타낸 것처럼 자장 발생 원인 초전도 코일을 폐쇄 회로에 결선된 상전도 코일(앞에서 설명한 알루미늄판 대신)에 급속히 접근시켜, 그때 발생하는 반발력으로 초전도 코일, 즉 차량 전체를 부상시킵니다. 여기에서 문제가 되는 것은 상전도 코일의 전기 저항입니다. 모처럼 유도 전류가 발생하여도 자기 자신의 전기 저항 때문에 유도 전류는 곧바로

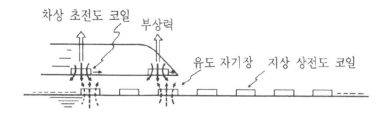

그림 3.2 | 자기 부상 철도의 부상 원리

감쇄하여 반발력은 얻을 수 없게 됩니다. 앞에서의 자기 부상 철도에서는 상전도 코일을 다수 배열하여 순번으로 유도 전류를 발생시켜 차량은 부상을 계속합니다. 이러한 부상 원리로 보아 이 방식으로는 차량이 정지하고 있으면 부상력은 작용하지 않습니다.

그렇지만 만일 유도 전류가 흐르는 상전도 코일이 초전도체라면 어떨까요. 초전도체는 제1화에서 보여드린 바와 같이 전기 저항이 없습니다. 따라서 유도 전류는 감쇄되지 않고 계속 흐르게 됩니다. 이 말은 반발력을 계속 이어받아 정지 물체라도 둥둥 계속 부상할 수 있다는 것입니다. 사실일까요, 좀 믿기 어려운 일이지만 만일 사실이라면 마치 UFO가 아니겠습니까. 백문이 불여일견이라고, 바로 실험해봅시다.

앞 절과 같은 유리의 보온병을 사용합니다. 여기에서는 이 보온병의

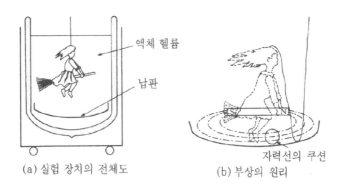

(a) 실험 장치의 전체도   (b) 부상의 원리

그림 3.3 | 초전도 자기 부상 실험

바닥에 액체 헬륨과 납의 판이 들어 있습니다. 납은 -265℃에서 초전도 상태가 되므로, 액체 헬륨으로 냉각시키면 완전히 초전도 상태입니다. 그러면 이 납판 위에 이 빗자루를 타고 있는 마녀의 인형을 얹어봅시다(그림 3.3). 실은 이 할머니에게는 자석이 장치되어 있으므로 앞에서 말한 것이 사실이라면, 이 마녀가 밑의 납판에 접근하면 그것으로 인해 납판에는 유도 전류가 흘러, 그것에 반발되어 마녀는 부상합니다. 또한 이때, 초전도 상태의 납판 속에 발생한 유도 전류는 감쇄하지 않으므로 할머니는 계속 부상하여 있습니다. 자아, 정말일까요. 이 할머니는 처음에는 상온이므로 액체 헬륨에 담가두면 그것이 냉각될 때까지는 꽤 헬륨가스가 증발하지만 잠시 참아주십시오.

그러면 할머니를 보온병에 넣습니다. '찌익', 이처럼 매우 강력하게 헬륨가스가 발생합니다. 매우 안정되었습니다. 그러면 천천히 내리도록 하겠습니다. 위에서부터 줄에 매달린 마녀가 내려집니다. 천천히 내려지고 있습니다. 앞으로 15㎝면 납판입니다. 앞으로 10㎝입니다. 앞으로 5㎝, 자아, 더 천천히 내리도록 합시다. 그런데 이상하군요, 앞으로 2㎝ 정도인데 그 이상 마녀는 내려지지 않습니다. 위의 줄을 보십시오. 이처럼 헐거워져 있습니다. 보시는 대로 줄은 완전히 늘어져 납판에 접촉되어 있습니다만 빗자루 탄 마녀는 유유하게 부상된 채로입니다(그림 3.3(b)).

이처럼 앞에서 말한 꿈같은 이야기는 보시는 대로 사실입니다. 꿈도 뭣도 아닙니다. 초전도체의 위에서는 자석은 부상합니다. 당연한 일이지만 이것을 역으로 하면 자석의 위에서는 초전도체가 부상합니다. 이 처럼 자석에 완전히 반발하는 성질을 완전 반자성(完全反磁性)이라 합니다. 현재로서는 완전 반자성을 나타내는 것은 초전도체뿐입니다.

지금까지의 이야기에서는 전기 저항 0의 초전도체에 자석을 접근시킴으로써 유도 전류를 발생시키고 그것에 의해 자석은 부상력을 얻게 된다고 말했습니다. 이것은 그 사실대로 틀린 것은 아니지만, 초전도체에는 실은 더 굉장한 힘이 있는 것입니다. 그것을 보여드리기 위해서 밑의 납판을 보온병의 위쪽으로 끌어올려, 약간 온도를 올려서 상전도 상태로 합니다. 천천히 올리겠습니다. 액체 헬륨 속에서는 납은 초전도 이므로 마녀는 부상한 채로 상승합니다. 거의 납판은 액체 헬륨에서 나옵니다. 저런, 마녀가 납판 위에 떨어졌습니다. 이것으로 납은 상전도 상태가 되었습니다.

그러면 이번에는 이 상태대로 납판을 액체 헬륨의 액면에 접할 수 있는 데까지 내려서 초전도 상태로 되돌립니다. 이번 경우는 마녀는 납판에 타고 있는 채이므로 앞에서 말한 것 같은 유도 전류는 납판에 흐르지 않을 것입니다. 왜냐하면 납판에 작용하는 자장의 강도는 아무런 변화도 없을 것이고, 따라서 이번에는 마녀는 부상하지 않을 것입니다. 그런데 이 경우에도 마녀는 부상하는 것입니다. 실은 이것이 초전도의 굉장한 점입니다. 바로 보여드리도록 합시다. 그러면 납판을 천천히 내리겠습니다. 이 마녀에 주목해주십시오. 슬슬 납판이 액체 헬륨에 닿습니다. 보십시오. 마녀는 힘차게 부상했습니다. 이것이 초전도인 것입니다.

이처럼 초전도에서는 자장의 변화를 부여하여 유도 전류를 흐르게 할 필요 없이, 초전도 상태로 하는 것만으로 즉석에서 거기에 있는 자장을 없앨 수 있도록 전류가 흐르고 그것으로 반발된 자석은 부상합니다. 바꾸어 말하면, 초전도 상태로 된 찰나에 거기에 있던 자력선을 밀어내고 그 자력선을 쿠션으로 하여 자석이 부상합니다. 이것은 제1화에서 이야기한 전기 저항 0이란 성질만으로는 설명할 수 없는 초전도체의 본질적 성질입니다. 이 성질이 있으면 역으로 완전 도전성(전기 저항 0)을 유도할 수가 있습니다. 초전도체의 이 성질은 발견자의 이름을 따서 마이스너 효과라고 하고 있습니다.

제1종 초전도체와 제2종 초전도체

실제로는 초전도체는 여기에서 사용한 납같이 완전히 자장을 반발하는 것과 앞 절에서 사용한 나이오븀-티탄 합금처럼 어떤 자장 이상에서는 일부만이 자장을 반발하지 않는 것이 있습니다. 전자를 제1종 초전도체, 후자를 제2종 초전도체라고 부릅니다. 알루미늄, 주석, 인듐, 텅스텐 같은 원소 초전도 물질의 전의 전부는 이 제1종 초전도체에 속합니다. 이러한 물질은 이상적인 초전도 특성을 나타내지만 1,000G 이하라는 낮은 자장이 미쳐도 초전도 특성이 없어지므로 별로 실용적이지는 않습니다.

그것과는 반대로 현재 가장 일반적인 초전도 재료인 나이오븀-티타늄 합금이나 나이오븀-주석 화합물, 또한 현재 굉장한 발전을 이룩하고

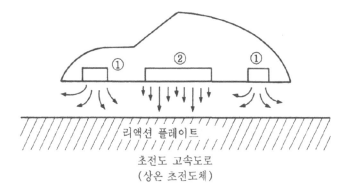

① 부상용 초전도 코일(영구 전류 모드)
② 구동용 리니어 모터(인덕선형)

리액션 플레이트
초전도 고속도로
(상온 초전도체)

그림 3.4 | 자기 부상 자동차 구상

있는 세라믹계 고온 초전도체는 제2종 초전도체에 속하며, 10만G 이상의 고자장 하에서도 초전도 특성을 상실하지 않습니다. 특히 고온 초전도체는 100만G 이상의 고자장에서도 견딜 가능성이 있다고 예상되어 그러한 의미에서도 혁명적인 재료입니다.

끝으로 완전 반자성의 꿈에 대해 좀 이야기해보겠습니다. 만일 상온의 세라믹계 초전도재가 생긴다면 이 재료로 고속도로를 포장합니다. 세라믹이므로 타일로 하여 시멘트로 붙여도 무방합니다. 그리고 자동차 차체에 자석을 답니다. 그러면 이 보온병 속의 마녀처럼 자동차는 부상합니다. 이렇게 하고 인덕선형 리니어 모터(83쪽)를 자동차에 탑재합니다(그림 3.4).

이 경우의 리니어 모터의 리액션 플레이트도 도로상이 초전도 포장이므로 에너지 효과는 매우 높아집니다. 게다가 소음, 진동은 없어지고, 노면 마찰로 인한 분진 공해도 없어집니다. 상온 초전도재가 실현되면 이러한 초전도 부상식의 리니어 모터 자동차의 실현도 꿈은 아닙니다.

초전도의 발자취

지금까지는 초전도의 기본적인 성질을 실험을 중심으로 보아왔으므로 이 절에서는 실험은 쉬기로 하고 초전도 현상의 원리나 그 발견에서 현재에 이르기까지의 발자취를 개관하려고 합니다.

초전도 현상이란 금속의 전기 전도를 책임지는 자유 전자가 어떤 종류의 질서가 이루어졌을 때 나타나는 현상의 하나로, 많은 원소나 합금 또는 화합물이 갖고 있는 일반적인 현상입니다. 결코 특수한 예외적인 현상은 아닙니다. 자유 전자가 질서를 이룬다는 것은 어떤 일인가를 말한다면, 가령 질서가 전혀 없는 가스 상태의 물 분자, 즉 수증기가 상호작용에 의해 서로 붙어서 물이라는 일종의 질서를 이룬 상태로 전위

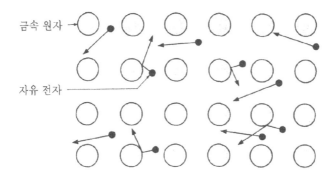

그림 4.1 | 금속의 자유 전자 모델

하는 것과 같으며, 금속 중을 가스같이 날아다니는 자유 전자끼리 서로 붙는 것을 의미하고 있습니다. 그러기 위해서는 자유 전자끼리 끌어당기는 인력이 필요하지만 전자는 모두 음의 전하를 띠고 있으므로 전자 간에는 항상 전기 반발력(쿨롱 반발력)이 작용하고 있습니다. 이것은 마치 자석의 S극끼리 반발하는 것과 같습니다. 따라서 전자군은 통상적으로 인력 상호 작용에 의한 질서를 유지할 수는 없습니다.

여기에서 잠시 시점을 돌려, 금속을 전자 현미경으로 마이크로하게 보면 그림 4.1과 같이 금속 원자가 질서 있게 배열한 모양이 보이며, 그 사이를 자유 전자가 흐르고 있는 셈입니다. 이때 자유 전자는 금속의 전자와 충돌하여 에너지를 상실하지만, 이것이 금속 전기 저항의 원인

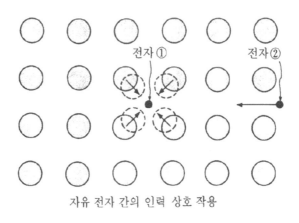

자유 전자 간의 인력 상호 작용

그림 4.2 | 초전도 현상 발현 기구(BCS 이론)

이란 것은 이미 제1화에서 설명했습니다. 그러나 어떤 종류의 금속을 냉각하면 어떤 자유 전자가 원자와의 상호 작용으로 상실한 에너지를 다른 자유 전자가 그대로 돌려받게 됩니다. 이것을 모식적으로 나타내면 그림 4.2와 같습니다.

전자 ①은 금속 원자를 끌어당겨 그것에 에너지를 부여하지만, 이 원자는 전자 ②를 끌어당겨 그것에 에너지를 부여하며, 결국 전자 ①의 에너지가 전자 ②에 옮겨진 셈이며, 전자 ①과 전자 ③의 에너지의 합은 변화하지 않습니다. 즉 전자의 에너지 손실이 없다고 말할 수 있습니다. 바꾸어 말하면 전기 저항이 없다는 것을 의미합니다. 이런 적절한 상호 작용이 생기는 경우가 초전도 상태이며 그림 4.2로서 분명하듯이 전자 ①과 전자 ②는 금속 원자를 중개로 하여 서로 인력 상호 작용을 미치고 있다고 말할 수 있습니다.

이러한 사고에 기초하여 1957년에 미국의 바딘(John Bardeen, 1908~1991) 등에 의해 초전도의 양자 이론(BCS 이론)이 확립되었습니다. 그러나 이 이론에서는 -240℃ 이하의 저온이 아니면 초전도 현상은 생기지 않으며 초전도는 저온이라는 것이 지금까지의 상식이었던 셈입니다. 이 상식을 깨뜨린 것이 1986년의 베드노르츠 등이며 그들이 처음으로 사용한 세라믹계 고온 초전도체에는 현재로서 -150℃ 라는 종래에 없었던 고온으로 초전도를 이루는 것도 있습니다. 그러나 이 고온 초전도체의 경우, 어떠한 메커니즘으로 전자 간에 인력 상호 작용을 일으키는가에 대해서는 아직 확실히 모르고 있습니다.

초전도 소사(小史)

그러면 다음은 초전도의 지금까지의 발자취를 살펴봅시다. 초전도 현상을 발견한 것은 네덜란드 라이덴대학 교수인 카메를링 오네스이며 그것은 1911년이었습니다.

오네스는 순수한 저온 물리학자이며 1882년에 라이덴대학 교수로 취임하자마자 유럽의 저온 센터를 목표로 저온 연구소를 설립하고 공기 액화기(약 -200℃)나 수소 액화기(약 -250℃)의 건설부터 시작하여 1908년에 처음으로 헬륨의 액화에 성공하여, -270℃라는 당시의 세계 최저 온도를 달성했습니다. 헬륨 액화 성공 후 오네스가 한 것은 금속의 전기 저항 연구입니다. 당시 금속의 전기 저항은, 특히 저온도에서의 실험 결

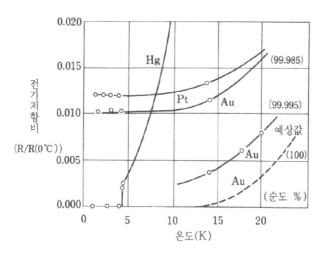

그림 4.3 | 저온에서 금속의 전기 저항(Au: 금, Pt: 백금, Hg: 수은)

과와 이론값의 불일치가 컸기 때문에 오네스는 우선 금(Au)과 백금(Pt)에 대해서 전기 저항 실험을 하고 금속의 순도를 높이면 저온에서의 전기 저항은 0에 가까워진다는 것을 발견했습니다. 이 실험 결과에 의해 금속의 순도가 문제라고 생각한 오네스는 당시 가장 고순도를 얻을 수 있었던 수은(Hg)에 대해 같은 전기 저항 실험을 실시하고 그 결과 그림 4.3에 나타낸 것처럼 -269℃(40K) 부근에서 전기 저항이 돌연히 0이 되는 것을 발견했습니다. 그러나 오네스는 신중했습니다. 그 후 주석이나 납에서도 동일한 현상이 나타나는 것을 확인하고 1913년의 제3회 국제 냉동기구에서 비로소 'super conductive state'(초전도 상태)로서 발표했습니다. 그 후 오네스는 초전도 상태 발현 조건으로서 임계 온도(전이 온도) 이외에 임계 자장이나 임계 전류가 있다는 것도 발견했습니다.

초전도 현상을 최초로 수식화한 것은 베커입니다. 그는 오네스의 밑에서 오랫동안 초전도 실험을 하고 1933년에 초전도체를 완전도전체(전기 저항 0)로 간주한 수식화를 시도했습니다. 그 결과 그는 초전도체의 내부에서는 자장은 시간이 경과해도 변화하지 않는, 즉 초전도체 내부의 자장은 외부의 자장이 변화하여도 항상 초깃값대로 유지된다는 결론에 도달했습니다.

이 베커의 결론을 즉시 실험적으로 확인하려고 한 것이 독일의 마이스너와 오센펠트입니다. 그들은 우선 자장 중에 놓여진 초전도체 주변의 자장 분포를 계측했습니다. 그 결과 초전도체 내의 자장은 모두 체외로 배제되어지며 베커의 예언대로 초깃값이 보존되는 것은 없었습니다. 이 현상은 초전도체가 완전 반자성이란 것을 의미하며 발견자의 이름을 따서 마이스너 효과라고 명명되었습니다. 이 사실은 온도, 자장 같은 외부 조건이 같으면 초전도체 같은 상태가 되므로 초전도 상태를 열역학적으로 하나의 상(相)으로서 다룰 수 있다는 것을 의미하고 있습니다. 이런 것이 밝혀지고 나서 초전도체에 대한 열역학의 적용도 시작되었습니다. 그 결과 상전도-초전도 전이는 자석에서 볼 수 있는 상자성-강자성 전이와 같은 종류란 것이 밝혀지고 초전도상에도 강자성상과 같은 무엇인가의, 장거리에 걸친 질서(협력 현상)의 존재가 예상되기에 이르렀습니다.

이어서 1935년에 접어들어 마이스너 효과를 기술할 수 있는 현상론이 영국의 런던 형제에 의해 발표되었습니다. 이 이론에서는 초전도체 내에도 깊이 λ(람다)까지는 자장이 침입한다고 예언되었습니다. 다음은 이것을 검증할 차례입니다. 그러기 위해서 "런던의 자기장 침입 깊이" λ의 계측이 시도되었으나 이 값은 $10^{-6}\,cm$란 작은 것으로 실험은 좀처럼 잘 이루어지지 못했습니다. 겨우 1949년에 이르러 쉰베르크 등이, 이어서 1953년에는 피퍼드가 런던 이론과 거의 일치하는 실험 결과를 얻었습니다.

이것과 동시에 피퍼드는 초전도체 내에 불순물을 미량 혼합하면 초전도 임계 온도는 거의 변화하지 않는데 자장 침입 깊이 λ가 대폭으로 증대하는 것을 발견했습니다. 이 현상을 설명하기 위해 피퍼드는 전자끼리 거리 ξ의 범위에 걸쳐 질서를 유지하고 있다고 생각했습니다. 그리고 이 거리를 결맞음 길이(coherence length)라고 명명했습니다. 곁들이면 ξ는 금속 초전도 원소의 경우 10^{-4} ㎝의 자릿값이며 이 범위에서 전자끼리가 서로 간섭하고 있다는 초전도 본래의 묘상(描像)이 점점 밝혀지게 되었습니다.

초전도 현상론의 마지막은 소련의 천재 란다우와 긴즈부르크의 등장입니다. 그들은 마이스너 효과의 진정한 이해에 몰두했습니다. 이 말은 마이스너 효과는 초전도체 내의 자기에너지를 높이는 것이며 마이스너 효과에 반하여 초전도체 내에 미세한 상전도 영역이 다수 들어 있는 것이 전체로서의 에너지는 낮아지는 가능성도 있다고 예상했습니다. 이것을 알아내기 위해 그들은 열역학에 양자역학의 아날로지(analogy)를 가미한 결과 처음으로 제1종 그리고 제2종 초전도체의 존재를 밝혀냈습니다. 즉 제1종 초전도체는 초전도상이 단일일 때가 가장 안정하지만 제2종 초전도체는 초전도상 중에 상전도상이 혼재하는 것이 안전하며 이 혼합 상태는 고자장 중에도 존재할 수 있습니다. 이 연구가 발표된 것은 1950년의 일이었으나 란다우의 양자역학적 아날로지가 너무나 대담하여 당시에는 거의 이해되지 못하고 BCS 이론의 후인 1960년에 이르러 비로소 주목을 받게 되었습니다.

런던 방정식, 열역학론, 피퍼드의 결맞음 길이 등, 초전도 현상이 차츰 물리적으로 파악되는 데에 따라, 그 현상의 발생 메커니즘에 다가드는 기초 이론을 확립하는 것이 많은 연구자들의 목표가 되었습니다. 실제로 초전도의 현상론과 동시 진행의 모양으로 진전했던 양자역학의 창안자인 하이젠베르크나 보른 등도 초전도의 양자역학적 취급을 시도했으나 누구도 성공하지 못했습니다. 그 벽에 돌파구를 연 것이 프뢸리히(Herbert Fröhlich, 1905~1991)입니다. 그는 1950년에 초전도의 본질적인 원인은 전자와 금속 원자 진동의 상호 작용에 있다는 것을 처음으로 지적했습니다. 그전까지의 이론은 모두 전자에만 주목하고 있었으나, 프뢸리히는 초전도로 되는 원소는 모두가 전기 저항이 높고, 이 전기 저항의 원인은 전자와 금속 원자 진동의 상호 작용이므로 이것이 초전도 현상에도 관계하고 있을 것이라 생각했습니다.

만일 이 생각이 옳다면 금속 원자 진동의 영향이 초전도 현상에 나타날 터이므로 이것은 즉시 실험적으로도 확인되었습니다(동위 원소 효과). 이 실험 결과로 프뢸리히의 생각이 기본적으로 옳았다는 것이 실증되고 기초 이론의 구축은 크게 형세가 좋아졌습니다. 또한 1954년에는 초전도체의 전자 비열 계측 데이터에서 초전도 전자 에너지 레벨에 갭(금제대, forbidden band)이 존재한다는 것이 판명되었습니다. 이것과 피퍼드의 결맞음 길이를 함께 고려하면 전자가 마치 인력 상호 작용으로 쌍을 이루어 저에너지가 되어 초전도 상태를 이루고 있다는 것을 상상할 수 있습니다. 이때 등장하는 것이 초전도 이론의 골수인 미국의 바딘, 쿠퍼(Leon N. Cooper, 1930~), 슈리퍼(John Robert Schrieffer, 1931~2019)이며 쿠퍼쌍의 인력 상호 작용을 기본으로 한, 이른바 BCS이론을 1957년에 발표하여 초전도의 기초 이론 구축에 종지부를 찍었습니다.

응용의 발자취

다음은 초전도의 응용에 눈을 돌리면 이것도 이야기는 오네스로부터 시작됩니다. 초전도 현상을 발견한 오네스는 그 응용으로서 초전도 코일에 의한 강자장 발생을 생각했습니다. 초전도선은 전기 저항이 0이므로 이 선을 코일 모양으로 감아서 통전하면 얼마든지 대전류를 흐르게 할 수 있고, 그 전릿값에 비례하여 강자장을 발생시킬 수 있다고 생각했습니다. 이러한 생각을 기초로 하여 오네스는 1914년에 실제로 납선으로 코일을 만들어 통전 실험을 실시했습니다. 그 결과 발생 자장은 600G, 전류 밀도 $1mm^2$당 940A이며 그때까지 전기 저항 0이었던 코일이 돌연 전기 저항으로 발열하여 용실(溶失)되고 말았던 것입니다. 당초 이 현상은 납선의 불량한 데가 원인이라고 생각했으나 실험을 거듭하는 사이에 초전도 재료의 본질적인 성질이라는 결론에 도달했습니다. 이러한 초전달의 특질 때문에 그 후 40년간은 초전도 현상은 실용적이 아니며, 주로 물리학의 연구 대상으로 흥미를 갖고 있었을 뿐이었습니다.

그러나 기술의 진보는 멈출 줄을 모릅니다. 1950년대 말에 미국의 쿤틀러 나매디어스 등은 나이오븀-지르코늄 합금이나 나이오븀-주석 화합물이 수만G의 강자장에 견딜 수 있다는 것을 발견했습니다. 이것을 이어받아 1962년에는 미국의 슈퍼콘(Supercon)사가 나이오븀-지르코늄 초전도선(선지름. 25㎜)의 시판을 시작하고, 그 2년 후에는 웨스팅하우스(Westinghouse)사에서 나이오븀-지르코늄과 비교하여 가공성이 좋고 임계 자장이 높은 나이오븀-티타늄 초전도선도 시판되었습니다.

그 이후, 이러한 선재료를 사용하여 많은 초전도 코일이 제작되어 주로 실험용의 강자장 발생 장치로서 이용되었습니다.

그러나 초전도재를 선재화하고 다시 코일화하면 예상외로 저자장 밖에 발생하지 않는다는 것이 차차 밝혀지게 되었습니다. 이러한 사태에 직면하여 초전도 코일 성능 열하의 원인 규명이 시작되었습니다. 우선 문제가 된 것은 자속의 흐름입니다. 나이오븀-티타늄 등의 실용 초전도 재료는 모두 제2종 초전도체이며 이 경우는 조금 전에 란다우를 설명할 때 말한 바와 같이, 초전도체 중에는 상전도체가 혼재하고 있습니다. 이러한 초전도선재에 자장을 인가(印加)하여 통전하면 초전도상 중의 상전도상은 자장도 갖고 있으므로 그 자장, 즉 상전도상에 전기력(로렌츠 힘)이 작용하여 초전도 체중을 움직입니다. 이 현상은 자속(磁束, magnetic flux)이 흐르는 것이므로 자속 유동(flux-flow)이라고 불리고 있습니다. 이 운동에너지가 열이 되어 초전도체의 온도를 올리고 상전도 전이를 일으킵니다.

이 자속 유동을 저지하기 위해서는 초전도체 중에 결정 전위(결정 내의 원자 배열의 편차) 등을 많이 넣는 것이 중요합니다. 이것을 마치 핀(pin)으로 초전도체 내의 상전도부의 움직임을 멈추게 한다는 이미지로 피닝(pinning)이라고 합니다. 또한 초전도체 내에서 발생한 열을 즉석에서 제거하고 상전도 전이를 억제한다는 것도 중요합니다. 그러기 위해서는 초전도선을 굵은 동체(銅體)에 파묻으면 효과가 뚜렷합니다. 이렇게 하면 초전도선의 일부가 상전도로 전이하여도 전류는 동체를 흐르고 거기에서 발열한 열은 동체의 표면에서 밖으로 탈출합니다. 그 사이에 상전도상의 온도는 저하하여 초전도상으로 되돌아가고, 초전도 코일 전체가 상전도로 전이하는 일은 없습니다. 이 시도는 1965년에 미국의 스테크레이에 의해 이루어졌으며, 1970년 초까지는 이러한 초전

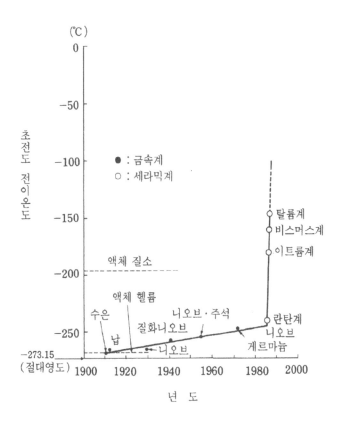

그림 4.4 | 초전도 전이 온도의 변천

도선이 사용되고 있었습니다.

1970년에 들어, 초전도선의 안전화를 더욱 높이기 위해 초전도 소선(超電導素線)을 가늘게 하는 시도도 이루어졌습니다. 실제로는 선 지름을 수 10㎛(1㎛=0.001㎜)까지 가늘게 함으로써 초전도 소선 전체의 냉각 성능 향상을 도모함과 함께 소면 표면으로의 자장 침입에 수반하는 발열도 억제하고 있습니다. 현재로는 이러한 극세선(極細線)을 구리나 알루미늄 등의 안정화재(安定化材) 속에 다수 파묻힌 것, 이른바 극세 다심선(極細多芯線)이 초전도선의 주류입니다.

이처럼 초전도 코일이 실용화의 길에 발걸음을 내디디었다 해도 아직 핵융합 실험이나 고에너지 실험 등 특수한 분야가 가득합니다. 이처럼 지금 한 걸음도 실용화가 진행되지 않은 이유는 그 작동 온도가 -270℃로 낮다는 것이 크게 애로 사항으로 되고 있습니다. 그러므로 이러한 난점을 극복하려고 초전도 전이 온도(임계 온도)를 높이기 위해 많은 노력을 계속 경주하고 있으나, 1937년에 나이오븀-저마늄 화합물로 -250℃를 달성한 이래 진전은 없었습니다.

이 벽을 깬 것이 1986년의 베드노르츠 등이며, 그 후 그림 4.4에 나타냈듯이 전이 온도가 급속하게 상승하여 현재로는 -150℃에 이르렀습니다. 아직 선재의 실용화까지는 일찍 이 금속계 초전도선재가 그랬듯이 많은 기술 문제가 있으리라 여겨지지만 지금까지의 경험을 살려 조만간 완성되리라 기대되고 있습니다. 고온 초전도의 현상에 대해서는 이 책의 마지막인 제20화에서 이야기하고자 합니다.

2장

초전도 응용의 기초

"초전도 응용 이야기는 여러 가지로 보고 듣지만 그 이유가 알기 어렵고, 그 응용에 왜 초전도가 필요한지도 이해하기 어렵다"라고 느끼시는 분들을 위하여 이 장에서는 초전도 응용으로서 중요하다고 여겨지는 것 중에서 네 항목을 다루어, 그 기본적인 사고나 초전도 특성과의 관련 등을 실험을 곁들이면서 소개하고자 한다.

전기를 저장한다

이 절은 초전도 응용의 첫 번째로서 전기를 저장하는 이야기를 하겠습니다. 전기는 아무래도 모양이 없고 눈에도 보이지 않는 것이므로 저장한다 해도 좀처럼 뚜렷하게 머리에 떠오르지 않으므로 여기에 전기를 저장하는 대표적인 장치를 몇 종류 갖고 왔습니다(그림 5.1). 우선 그림의 (a)는 콘덴서입니다. 이 속에는 2장의 알루미늄박(箔)이 전기 절연재를 매개하여 대항하여 원통상으로 감겨 있습니다. 이 2매의 알루미늄박 사이에 전압을 주면 전압의 제곱에 비례한 전기에너지가 고입니다. 이것은 옛날의 라디오에 흔히 쓰였던 콘덴서인데 이 전극 간에 최고 450V의 전압을 걸면 약 5cal의 전기가 체류됩니다. 이 콘덴서는 축전기로서는 가장 역사가 깊고, 18세기 중엽에 네덜란드에서 발명된 것입니다. 그 이후에는 새로운 전기 저장 방식이 여러 가지로 고안되었으나 전기에너지를 전기의 상태대로 저장할 수 있는 장치는 이 콘덴서뿐입니다. 그러나 콘덴서는 큰 용량의 전기 저장에는 적합하지 않습니다.

그래서 생각해낸 것이 여기에 있는 플라이휠 축전기(그림 5.1 (b))나 양수 축전기(그림 5.1 (c))입니다. 우선 플라이휠 축전기인데, 이 축전기에는 먼저 모터로 이 플라이휠을 고속회전 시켜놓고, 즉 전기에너지를 이 플라이휠의 회전운동에너지로 변환하여 저장해놓고 전기가 필요할 때 이 발전기의 스위치를 넣어 플라이휠의 회전에너지를 전기로 되돌립니다. 바꾸어 말하면 플라이휠의 관성 에너지로 발전기의 로터를 돌립니다. 잠

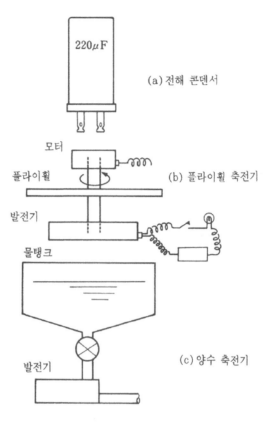

220μF

(a) 전해 콘덴서

모터

플라이휠

(b) 플라이휠 축전기

발전기

물탱크

(c) 양수 축전기

발전기

그림 5.1 | 여러 가지 축전기

시 이 장치를 사용하여 시험해봅시다. 이 플라이휠의 무게는 약 1kg입니다. 그럼 모터의 스위치를 넣고 전기를 플라이휠의 회전에너지로 변환합니다. 좀 진동음이 크지만 점점 회전수가 높아졌습니다. 플라이휠이 갖는 운동에너지는 이 회전 속도 제곱에 비례합니다. 자, 회전수가 1분간에 1만 회(1만 rpm)로 되었습니다. 여기서 모터를 차단하고 호일을 자유 회전 하도록 하겠습니다. 다음에 발전기의 스위치를 넣겠는데 이 발전기에는 전구가 연결되어 있으므로 발전량에 따라 점등합니다. 자, 발전기의 스위치를 넣습니다. 보십시오. 전등이 켜졌습니다. 이 축전기를 약 5 kcal의 전기를 저장할 수 있으므로 이 100W의 전등을 약 3시간 점등할 수 있습니다. 이 방식의 축전기는 이미 전기의 출입이 빈번한 철도나 순간적으로 대전력을 필요로 하는 핵융합 실험 장치 등에 쓰이고 있습니다.

다음은 양수 축전기(그림 5.1 ⓒ)입니다. 우선 펌프로 물을 이 상부의 탱크에 채워, 즉 전기에너지를 물의 위치에너지로 변환시켜놓고, 전기가 필요할 때 밑의 마개를 열고 물을 흘려, 수력 발전기의 로터를 돌려서 물의 위치에너지를 전기로 되돌립니다. 이것은 특히 다른 전력 저장 방식으로는 실현할 수 없는 대전력용으로써, 야간 잉여 전력 축전용으로 이미 각 전력 회사에서 가동하고 있습니다. 거기서는 우선 야간의 남는 전력으로 물을 상부 저수지에 끌어올려놓고, 주간 과잉 전력이 필요할 때 상부 저수지의 물을 방출하여 수력 발전기를 돌립니다. 이 시스템은 흔히 양수 발전이라 합니다. 이상은 물리적 수단에 의한 축전 방식인데, 여기에 화학적 축전 수단인 이차 전지도 합쳐서 요약하면 표 5.2와 같습니다. 이차 전지 자동차의 배터리나 휴대용 헤드폰 테이프 레코더에 넣는 니카드 전지(니켈-카드뮴 전지) 같은 충전식 전지를 말합니다. 이차 전지는 특히 축전 밀도는 뛰어나지만 화학 반응 때문에 내구성은 충·방전 500회 정도로서 별로 좋지 않습니다.

	콘덴서	플라이휠	양수	이차 전지
축전 형태	전기	회전운동 에너지	위치에너지	화학에너지
축전 밀도	0.5	5	0.15 (물 중량당으로 낙차 100m)	
저장 효율 (출력/입력 %)	>90	60~70	65~70	70~80
축전 용량	소	중	대	소~중

5.2 | 축전 방식의 비교

이상 설명했듯이 전기를 저장하는 데는 대단한 어려움이 있다는 것을 이해했으리라 믿습니다. 그런데도 이 전화 시대에 전기에너지를 전기 상태로서 저장할 수 있는 게 콘덴서만이라 하니 어쩐지 서글픈 생각이 나는군요. 그러나 안심하십시오. 이때 등장하는 것이 우리들의 '초전도'입니다. 앞서 말한 콘덴서는 전기장에서 에너지를 저장한다고 이야기했는데, 자기장도 에너지를 갖고 있습니다. 그것을 이용하는 것이 초전도 축전기입니다.

초전도 축전기란

그러면 초전도 축전기(초전도 전력 저장: SMES)란 어떤 것일까요. 초전도 축전기는 제2화에서 말씀드린 영구 전류 모드의 초전도 코일을 사용합니다. 코일에 전류를 흐르게 하면 그 전룻값의 제곱에 비례한 전기에

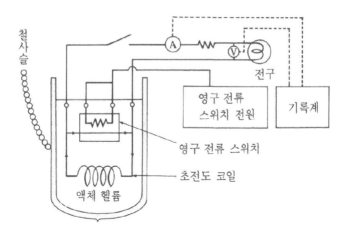

그림 5.3 | 초전도 축전기

너지가 저장됩니다. 그러나 보통의 구리선 코일로서는 전기 저항이 있으므로, 바로 그 전기 저항으로 전력이 소모되어 장시간 저장할 수 없습니다. 그러므로 이 축전기에는 전기 저항이 0인 초전도 코일이 불가결합니다. 초전도 코일에 전류를 흐르게 하고 그것을 제2화에서 설명한 대로 영구 전류 모드로 하면 그 초전도 코일에 계속 전류가 흘러 전기에너지는 저장됩니다. 그와 같이 준비한 것이 이 장치(그림 5.3)입니다. 제2화에서 설명한 것과 같은 요령으로 액체 헬륨을 넣거나 초전도 코일에 통전시키거나 했습니다. 이 액체 헬륨 용기(cryostat: 크라이오스탯) 속에 있는 초전도 코일은 제1화에서 실험에 사용한 초전도선을 지름 10㎝의 통에 약 1,800회 감은 것으로 이미 100A의 전기를 흐르게 했으므로, 보시는 바와 같이 철 사슬은 초전도 코일의 자장으로 끌려 당겨져 있습니다. 현재 이 초전도 코일에는 약 150㎈의 전기가 저장되어 있는데, 그것이 사실인지 어떤지 하나 빼내봅시다. 이 초전도 코일에는 보시는 것처럼 전구가 연결되어 있으므로 플라이휠 축전기의 경우와 동일하게 이 전구로 전기를 끌어내보겠습니다. 초전도 코일과 전구는 그림 5.3과 같이 연결되어 있으므로 이대로는 전구의 전기 저항 때문에 언제까지 기다려도 전구 쪽으로 전류는 흐르지 않습니다. 전구 쪽으로 전류를 흐르게 하려면 영구 전류 스위치를 절단할 필요가 있습니다. 그렇게 하면 초전도 코일을 흐르고 있는 전류는 전구 쪽으로 흘러 거기에서 소비됩니다.

이 경우에 전구에 흐르는 전류의 크기와 계속 시간은 초전도 코일의 크기와 전구의 전기 저항으로 결정됩니다. 이 장치의 경우는 약 5초입니다. 처음에는 특히 강렬하게 빛나고 점점 약해져 5초 정도에서 꺼지므로 놓치는 일이 없도록 주목해주십시오. 그럼, 영구 전류 스위치

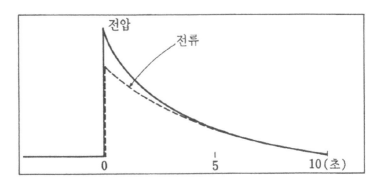

그림 5.4 | 전구의 전류·전압 특성

를 끄겠습니다. 자, 껐습니다. 전구는 굉장하게 빛났습니다만, 이것으로 초전도 코일에 저장되었던 전기는 다 써버렸습니다. 그 결과, 초전도 코일의 자장도 없어지고 조금 전까지 이쪽으로 당겨져 있던 철 사슬은 떨어져 흔들리고 있습니다.

이것으로 전구에서 어느 정도의 전기가 소비되었는가를 말씀드리

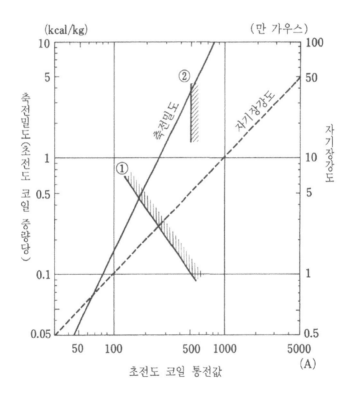

그림 5.5 | 초전도 축전기의 축전 밀도 시산례

면, 그 계산을 위해 전구에 흐른 전류와 전압을 이 기록계에 적어두어 놓았기에(그림 5.4), 이것을 보면 전류×전압으로 W이며, 1W를 1초간 사용했을 때의 에너지는 약 0.24㎈이므로… 여기 계산이 나왔습니다. 약 120㎈가 됩니다. 따라서 초전도 코일이 처음 저장하고 있던 전기에 너지의 약 80%를 전구에서 사용한 셈이 됩니다. 실용기에서는 저장 전 기의 90% 이상을 사용할 예정입니다. 그러려면 더 계속해서 전기를 내 지 않으면 곤란한데, 그러기 위해서는 영구 전류 스위치를 고안하여 초 전도 코일에 흐르고 있는 전류의 극히 일부를 전구에 흐르게 하는 등의 대책이 필요합니다.

초전도 축전기의 평가를 위해 표 5.2와 같은 축전 밀도(코일 단위 중 량당 전기 저장량)를 봅시다. 그것을 시산한 것이 그림 5.5입니다. 코일 의 전기 저장량은 코일에 흐르는 전류의 제곱에 비례하므로 더욱더 전 류를 증가시키면 전기 저장 밀도는 높아지나, 그것에 수반하여 초전도 코일에 발생하는 자장이 강해져 초전도 코일에 흐르게 할 수 있는 최대 전룻값은 낮아집니다. 가령 이 그림의 ①은 조금 전의 실험에 사용한 나이오븀-티타늄 초전도선에 의한 전류 제한이며, 이 햇지부보다 위는 실현할 수 없습니다. 따라서 축전 밀도는 0.5㎉/kg, 즉 콘덴서 정도가 한도라고 할 수 있습니다.

그것과는 다르게 ②는 현재 개발 중인 고온 초전도체에 의한 시작 초전도선의 실험 데이터를 약간 추가한 경우인데, 이 경우는 30만G 이 상의 고자장에서도 초전도선에 흘릴 수 있는 전류 밀도는 저하하지 않으므로(액체 헬륨 냉각의 경우), 축전 밀도는 3~4kcal/kg로서 나이오븀-티타늄선의 경우와 비교하여 1자리 가까이 성능이 향상하여 플라이휠의 성능에 가까워집니다. 이러한 축전 성능에 전기 저장 효율의 높이나 대용량화의 용이성 등을 고려하면 현재의 나이오븀-티타늄선으로도 양수 발전을 대체할 수 있는 것은 기본적으로는 가능하며, 고온 초전도선이 실용하게 되면 플라이휠의 대체로도 될 수 있습니다. 또한 제7화에서 이야기하겠습니다만, 초전도 코일에 전류를 흐르게 하면 초전도 코일은 팽창력을 받습니다. 특히 대형의 초전도 축전 설비의 경우는 그 압력이 팽대해져 그 압력을 지하 암반으로 받치는 등의 아이디어가 검토되고 있습니다. 초전도 축전 방식은 이러한 점에 아직 기술 과제가 남아 있습니다. 초전도 축전기를 전자 소자로서 사용하는 방법도 있습니다. 그것은 전기에너지 저장으로보다는 전기 신호의 기록 소자로서 사용합니다. 코일에 전류를 오른쪽 또는 왼쪽 방향으로 흐르게 하고, 후에 필요한 때 판독합니다. 이미 이러한 기억 소자를 사용한 초전도 컴퓨터도 실험실 레벨에서 시작되어 있습니다.

끝으로 초전도 코일에 전기에너지를 저장했을 경우, 그것은 실제로는 어디에 저장되어 있는 것일까요. 이 답은 공간이라고 하는 것은 바른 답이라고 생각합니다. 이 생각은 패러데이가 1830년대에 착상하고 그 후 맥스웰이 이론적으로 확실히 했습니다.

그들의 생각에 따르면 $B \times 10^4 G$의 자기장 공간에는 $1m^2$당 약 $100 \times B^2 kcal$의 전기에너지가 저장되어 있습니다. 가령 자장 강도 15만G의 공간 1 ℓ 당은 23kcal가 됩니다. 이 공간에너지로는 제6화 이후에 설명할 발전이나 힘의 작용이 가능해집니다. 동일하게, 앞에서 말한 콘덴서도 공간 전기장에 에너지를 저장하고 있어, 전기장 강도 $E \times 10^4$kV/m의 에너지는 1㎡당 $0.1 \times E^2$kcal가 되며 가령 50만kV/m의 공간 1 ℓ 당 에너지는 0.25kcal입니다. 이러한 사실은 현상 기술로서는 자기장은 전기장보다도 약 100배 강한 것을 사용할 수 있는 것을 의미하고 있습니다.

초전도 축전 방식은 전기에너지를 전기의 상태로서 저장할 수 있는 가장 유효한 방법입니다. 특히 상온 초전도체가 출현하면 용도는 얼마든지 있습니다. 그런 날이 매우 기다려집니다.

전기를 발생시킨다

이 절은 전자기학의 기초인 자기의 소(자하: 磁荷)와 전기의 소(전하: 電荷)부터 이야기를 시작합시다. 우선 자하인데 이것은 여기에 갖고 온 봉자석의 양단에 있는 것으로, 그림 6.1과 같이 봉자석 위에 얇은 플라스틱 판을 놓고 그 위에 철분을 뿌리면 보시는 바와 같이 예쁜 모양이 생깁니다. 이러한 모양이 생긴다는 것은 이 공간이 약간 특수한 상태로 되어 있다는 것을 의미하는 것으로 이런 특수한 공간을 자기장이라 합니다. 그리고 이 철분이 이어진 선이 자력선이고 이 자력선의 밀도(단위 면적당 가닥 수)가 자기장의 강도가 됩니다. 자하는 이러한 자기장을 이루는 작용을 합니다.

전하도 똑같은 것으로 그림 6.1(b)같이 만일 여기에 플러스의 전하, 가령 양자(수소 이온), 이쪽에 마이너스의 전하, 가령 전자를 놓으면 자력선과 동일한 것 같은 전기력선이 생겨 전기장을 형성합니다.

그러면 이러한 자하나 전하를 인류는 언제쯤 알게 되었을까요. 그것은 놀랍게도 그리스 시대로 소급합니다. 말하자면 자하는 자철광이 철을 끌어당긴다든가, 이것으로 만든 자침(磁針)이 남북을 가리키는 것 등으로 당시 사람들의 흥미의 대상이 되어 이러한 현상을 나타내는 말로서 자철광의 산지 magnesia(소아시아)를 어원(語源)으로 하는 magnetism(자기)이 사용되게 되었습니다. 마찬가지로 전하도 호박(琥珀)을 마찰할 때 발생하는 흡인력 등으로 당시 사람들의 흥미를 끌

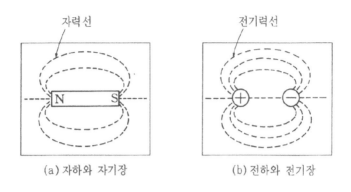

(a) 자하와 자기장   (b) 전하와 전기장

그림 6.1 | 자하·전하

게 되었습니다. 그러므로 영어의 전기 electricity에는 그리스어의 호박(elektron)이 근원으로 되어 있습니다. 그러나 당시는 아직 이러한 현상을 과학적으로 이해하기에는 아직 멀었고 오직 흥미 본위로 이용하고 있었을 뿐이었습니다.

전자기 현상이 연구의 대상으로 다루어지게 된 것은 르네상스의 과학 혁명 이후의 일로서 그 돌파구를 연 것은 영국의 길버트이며 그는 그의 저서 『자석 이야기』(서해문집, 1999)에서 자극이 2개 있는 것이나, 여러 가지 물질의 마찰 전기 강도 등에 대해 논하고 있습니다. 이것을 계기로 전자 현상의 실험적 해명이 진행되어 1785년에 쿨롱의 법칙에 다다르게 됩니다. 이 법칙은 전하끼리 그리고 자하끼리 작용하는 힘은 거리의 제곱에 반비례한다는 것으로, 이것은 현재에도 자주 사용되는 유명한 법칙입니다. 그러나 그 당시는 자하와 전하는 전혀 다른 것, 즉

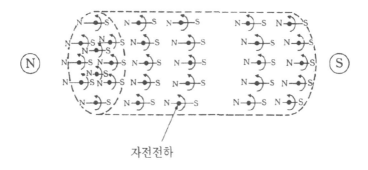

자전전하

그림 6.2 | 봉자석의 마이크로 모델

자하는 자기장을 이루고 이 자기장은 자하에만 작용을 미친다고, 역시 전하는 전기장을 이루고 이 전기장은 전하에만 작용을 미친다고 생각 하고 있었습니다.

자기장은 전하에서 생긴다

그러나 1779년에 볼타에 의해 전지가 발명되고 그것에 의해 전하의 정상적인 흐름, 즉 전류를 얻을 수 있게 됨으로써 이 전하의 흐름이 지금까지는 전혀 딴것으로 여겨지고 있었던 자하에 힘이 미친다는 것을 알게 되어 잘 조사했더니 전류는 아니나 다를까, 자기장을 발생하고 있다는 것이 판명되었습니다(1819년, 외르스테드). 당시의 상황을 간단히 요약하면 "정지하고 있는 전하는 전기장만을 발생하나, 이 전하가 운동 할 때는 자기장도 발생한다"라는 것이 됩니다. 그러나 운동은 상대적이

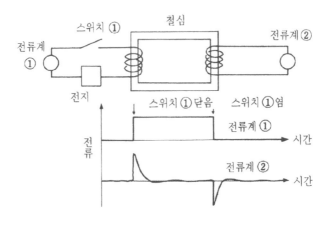

그림 6.3 | 패러데이의 발전 실험

므로 전하는 멈추어 있어도 관측자가 달리고 있으면 그 사람은 자기장을 감지합니다.

그렇다면 전기장과 자기장, 즉 전하와 자하는 매우 가까운 관계, 혹시 같은 것이 아닐까 하고 직관적으로 생각될 수 있는데, 실은 그렇습니다. 자하란 특별한 것이 아닌 것입니다. 적어도 현재까지 실험적으로는 발견되어 있지 않으며, 이론적으로도 통상은 자하는 필요가 없습니다. 따라서 이제까지 자하라고 생각했던 것은 모두 운동 전하로 생각하여도 지장이 없습니다. 가령 조금 전에 보여드린 봉자석은 그림 6.2와 같이 자전하고 있는 전하의 모임이라는 것이 알려져 있습니다. 여기까지 말씀드리면 지금은 알아차렸겠지만 자하의 플러스(N극)와 마이너스(S극)는 반드시 쌍으로 되어 있습니다. 이것은 자하가 운동 전하이면 당연지사인 것입니다. 만일 N극만의 자석을 발견한다면 그야말로 노벨상 감입니다.

자하에서 전기는 생기는가

이야기를 다시 한 번 19세기로 돌리기로 합시다. 조금 전에 전하에서 자기장이 발생한다는 것이 발견되었다 했는데 이것이 명확하게 수식화(비오-사바르 법칙)된 것은 1820년의 일입니다. 그 후, 당시 연구자들의 관심의 초점이 되었던 것은 비오-사바르 법칙과는 반대로 자하에서 전기를 발생시키려는 문제였습니다. 실제로 자하에서 전기를 발생시키기 위한 여러 가지 실험이 실시되었습니다. 전류의 단위에 그 이름을 남겨놓은 앙페르는 자석의 곁에 감은 코일에서 전류를 검출했다고 발표했으나 곧 이것은 잘못이란 것을 알고 철회한 일도 있습니다. 지금까지 몇 차례나 이름이 등장한 패러데이도 이 자기에서 전기로의 변환에 큰 관심을 기울인 한 사람이며 그림 6.3에 나타낸 것 같은 장치로 스위치 ①를 닫고 철심을 자화시켜, 그 강한 자하로 우측의 회로에 전류를 발생시키려는 실험을 했으나 이것도 실패였습니다.

그러나 이 실험을 몇 번씩 반복하고 있는 동안에 스위치 ①을 닫거나 열거나 하는 순간만은 우측의 전류계가 깜박하고 흔들리는 것을 알게 되었습니다. 이것은 너무나 의외였기에 패러데이는 지나친 실험 때문에 눈이 착각을 일으킨 줄 알았던 것 같으나, 몇 번이나 반복하여도 같은 현상이 생겼습니다. 당초 그림 6.3의 장치로 정상적인 자기장에

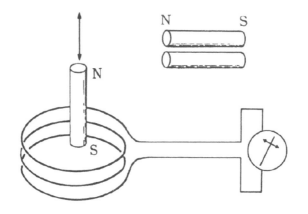

그림 6.4 | 상전도 루프에 의한 발전 실험

의한 정상적인 전류 발생을 기대했던 패러데이에게는 너무나도 예상외의 결과였으나, 어쨌든 패러데이는 자기에서 전기를 발생시키는 것에 성공한 것입니다. 이것은 전기에서 자기를 발생하는 비오-사바르 법칙이 판명된 때로부터 11년 후인 1931년의 일입니다.

이 패러데이의 발견은 얼핏 예상외인 것같이 여겨질지 모르나 다음과 같이 생각하면 지극히 타당하다고 말할 수 있습니다. 까닭인즉, 비오나 사바르가 발견한 것은 정지 전하가 아니고 운동 전하(=전류)에서 자기장을 발견한다는 일이었으므로, 그 역의 현상으로는 정지 자하가 아니고 운동 자하에서 전기를 발생하는 쪽이 타당하다고 여겨집니다. 패러데이의 발견은 바로 스위치 ①을 넣고 자기장이 변화하는 때만 전류가 발생합니다. 이것을 알아챈 패러데이는 실제로 봉자석을 전선 루프(고리)에 넣었다 뺐다 하는 것에 의해서도 전류가 발생한다는 것을 확인하고 있습니다. 왜 이러한 현상이 생기는가 하는 점에 대해 패러데이는 그림 6.1에 나타낸 자력선이 전기 루프를 횡단할 때 이 루프에 전압이 발생한다고 말하고 있습니다. 자력선에 존재하는 자장 공간을 실재의 것으로 생각했던 것입니다. 이 생각은 현대까지 계승되고 있습니다.

또한 영국의 전기공학자이며 진공관의 발명자로서 유명한 플레밍(Alexander Fleming, 1849~1945)은 패러데이의 발전 원리를 "오른손의 법칙"으로 알기 쉽게 정리했습니다. 여러분 오른손을 내어 엄지, 검지, 중지를 각각 서로 직각이 되도록 세워주십시오. 그러면 검지 방향의 자기장 중에서 구리선을 엄지 쪽으로 움직이면 그 구리선의 전류는 중지의 방향으로 흐릅니다. 이것은 부디 왼손으로는 하지 말아주십시오. 만일 왼손으로 하면 전류의 방향은 역으로 됩니다.

지금까지 말씀드린 패러데이의 발전 실험을 확인하기 위해서 여기에 봉자석과 전선 루프와 전류계를 갖고 왔습니다(그림 6.4). 이 봉자석을 이처럼 전선 루프에 넣으면 전류계가 깜빡 흔들립니다. 천천히 넣으면 조금밖에 흔들리지 않지만 빨리 넣으면 크게 흔들립니다. 또한 봉자석을 3개의 다발로 해서 넣으면 전류계는 크게 흔들립니다. 이것은 자력선의 변화량과 변화 속도, 즉 전선 루프를 가로지르는 자력선의 변화율에 비례하여 전선 루프에 전압이 발생하는 것을 의미하고 있습니다. 이러한 현상을 전자 유도라 하고 발생하는 전압을 유도 전압이라고 합니다. 전선 루프 속에 유도 전압이 발생하면 제2화에서 말씀드린 대로 전압의 크기에 비례한 전류가 흐릅니다. 그러면 이 유도 전압에 의해 발생한 유도 전류는 왜 깜박하는 정도로밖에 흐르지 않을까요. 패러데이가 당초 예상한 대로 정상 전류는 발생하지 않는 것일까요.

실은 현재는 그것이 가능합니다. 그것은 초전도 전선 루프를 사용하면 가능한 것입니다. 조금 전의 실험같이 전류가 깜박하는 정도로밖에 흐르지 않는 것은 실은 전선 루프의 전기 저항이 훼방을 놓고 있기 때문입니다. 봉자석을 넣고 빼고 해서 모처럼 전선 루프에 전류를 발생시켜도 이 전류(자유전자의 흐름)가 루프의 원자와 충돌하여 바로 멈춰버립니다. 따라서 초전도체 같은 전기 저항이 없는 전선 루프라면 봉자석을 한번 움직이면 전류는 계속 흐르는 것이 도리입니다. 이렇게 말씀드리니 어쩐지 알쏭달쏭하기만 한 영구 기관 같지만, 이것은 이미 제2화에서 영구 전류의 흐름에 대한 하나의 실험으로서 보여드렸으므로 충분히 이해할 수 있으리라 생각합니다.

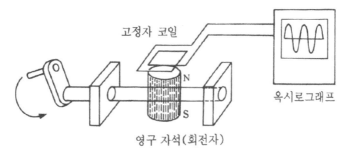

그림 6.5 | 발전기의 원리

초전도 발전기의 실제

그러나 이러한 영구 전류는 아무 데도 쓰지 않으니 영구히 흐를 수 있지만 이 전류를 무엇인가에 사용하면 당연히 곧 없어집니다. 따라서 전류를 연속적으로 쓸 수 있게 하려면 영구 자석을 넣고 빼기를 연속적으로 하여야만 합니다. 이것을 간단하게 할 수 있는 한 예는 그림 6.5에 나타냈듯이 영구 자석을 회전시키는 방법입니다. 상전도의 링에 대해서도 연속해서 전류를 흐르게 할 수가 있습니다. 이러한 장치로 영구 자석을 회전시키면 그림에서 보듯이 전류는 상하로 파도치는 모양을 이룹니다. 이것을 교류 전류라고 합니다. 변전소에서 각 가정으로 보내지는 전기는 모두 이러한 모양을 하고 있습니다. 일본에서 관서지방의 발전설비는 그림 6.5의 영구 자석이 1초에 60회 회전하는 데 반해 관동지방의 것은 50회 회전합니다.

그림 6.4에서 설명드린 바와 같이 회전하는 영구 자석의 강도를 바꾸면 발전량이 변화합니다. 따라서 실제의 발전기에서는 발전량을 조정하기 위해 영구 자석이 아니고 전자석을 사용합니다. 그리고 될 수 있는 한 소형으로 발전량을 크게 하려면 회전 전자석의 자기장을 될 수 있는 한 강하게 할 필요가 있으며, 그러기 위해 회전 전자석을 초전도 코일로 하는 시도가 이루어지고 있습니다. 이러한 초전도 발전기로 하면, 발전기의 부피를 상전도의 경우와 비교했을 때 4분의 1 정도 작아진다고 합니다. 초전도 발전기는 현재 여러 나라에서 개발 중이며 21세기 초에는 초전도 전기를 사용하게 되리라 봅니다.

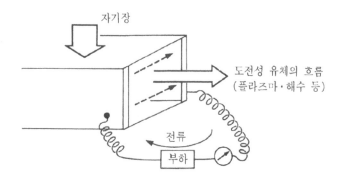

그림 6.6 | MHD 발전 원리

　여기까지는 자기장을 움직여 발전하는 방식을 이야기했으나, 운동은 상대적이므로 코일을 움직여도 상관없습니다. 그 대표적인 예가 MHD 발전이라 하는 것입니다. 이 경우는 그림 6.6에 나타냈듯이 일정 자기장을 가로지르는 것 같이 전도성 유체(코일에 대응)를 흘리면 이 유체 중에는 전압이 발생합니다. 이 경우 전압의 강도는 자기장의 강도와 유체의 속도에 비례합니다. 통상 MHD 발전이라고 불리는 것은 이 유체로서 고속의 석탄 연소가스 등을 사용하지만 반드시 그러한 고속가스는 필요하지 않고, 먼바다에서 밀려오는 해류(海流)라도 무방합니다. 이 경우는 속도가 느리므로 자기장 공간을 넓게 할 필요가 있으나 그렇지만 초전도 코일을 사용하면 충분합니다. 이 경우는 해류의 운동에너지가 전기에너지로 변환되는 것이므로 넓은 의미의 태양에너지 발전의 한 종입니다. 해류에 의한 MHD 발전 장치의 검토 예를 그림 6.7에 나타냈습니다.

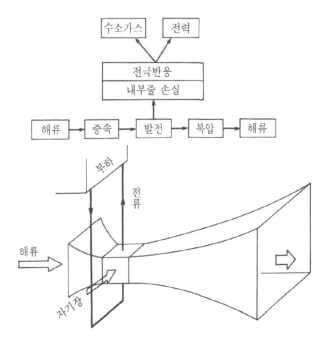

그림 6.7 | 해류 MHD 발전의 개념도

발전의 원리를 발명한 패러데이는 더욱 웅대한 것을 생각하고 있었습니다. 영국과 프랑스 사이의 도버 해협을 흐르고 있는 조류와 지구자장에서 자연적으로 발전할 수 없을까 하는 것입니다. 실제로 계산해보니 도버 해협에는 약 1V밖에 전압이 발생하지 않습니다. 이것은 지구자장이 0.2G로 너무나 약하기 때문이며 만일 자장 강도를 영구 자석으로 쉽게 발생할 수 있는 1,000G 정도로 하면 도버 해협 간에는 무려 3,000V라는 고전압이 발생합니다.

전자기에 의한 힘의 발생

전자력 발생의 방법으로서는 정상 자기장에 의한 방법과 변동 자기장에 의한 방법의 두 종류가 있습니다. 여기에서는 우선 정상 자기장에 의한 전자력부터 말씀드리겠습니다. 그전에 전자력의 하나를 보여드리겠습니다. 여기에 전선이 있습니다. 이것은 가정에 있는 전선(코드)과 같은 것입니다. 이 전선의 양단에 배터리를 연결하여 순간적으로 대전류를 흐르게 하겠습니다. 그러면 이 전선은 어떻게 될까요. 지금까지의 여러분의 경험으로는 아무렇지도 않다, 뜨거워진다 등으로 대답하리라 여겨지지만 더 큰 일이 생깁니다. 그러면 스위치를 넣겠습니다. 자, 보시는 대로(그림 7.1), 지금까지 쭈그려졌던 전선이 거의 원형으로 펴졌습니다. 이 전선에는 아무런 장치나 트릭은 없습니다. 전류를 흐르게 한 것뿐으로 이렇게 되는 것입니다.

정상 자장에 의한 전자력 발생의 구조

그러면 이러한 현상은 어떻게 해서 생기는 것일까요. 이 현상의 근원은 제6화에서 말씀드린 자력선입니다. 전류를 흐르게 하면 그림 7.2와 같이 자력선이 발생합니다. 이 자력선의 방향은 오른쪽 나사를 전류가 흐르고 있는 방향을 따라 돌리는 방향입니다. 이 자력선의 수는 전선이 무한장의 직선인 경우는 전선으로부터의 거리에 반비례하여 적어집니다. 이러한 자력선이 있는 공간을 자기장 공간이라 하며, 이 자력

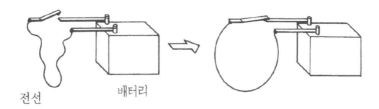

그림 7.1 | 전자력의 한 예(넓어지는 전류 루프)

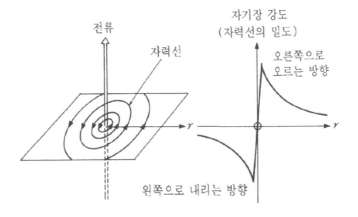

그림 7.2 | 전류에 의한 자력선

선의 단위 면적당의 수를 자기장의 강도라고 말합니다. 자기장의 단위는 G인데, 부언하자면 지구 자기장의 강도는 약 0.2G, 주변에 있는 건강용 자석이나 백판용 자석은 500~1,000G 정도입니다.

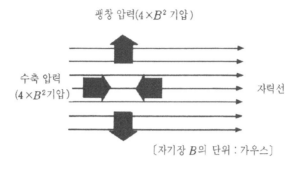

그림 7.3 | 자기장 공간의 성질

　이러한 자기장 공간은 다음과 같은 특수한 성질을 지니고 있습니다
(그림 7.3).

　① 자력선의 직각 방향으로 팽창 압력이 있다. 그 강도는 자기장 강도의 제곱에
　　 비례한다.

　② 자력선의 평행 방향에는 수축 압력이 있다. 그 강도도 자기장 강도의 제곱에
　　 비례한다.

　따라서 가령 두 줄의 평행한 전선에 서로 역방향으로 전류를 흐르
게 하면 그림 7.2의 자기장 강도를 합친 그림 7.4와 같은 자기장 분포
가 되고, 두 줄의 전선 간 자기장은 가산되어 강해지고, 전선의 바깥쪽
에서는 감소하여 약해집니다. 따라서 전선 간의 자기장 팽창 압력은 그
바깥쪽의 팽창 압력보다 강해지므로 이 두 줄의 전선은 서로 바깥쪽으
로 퍼지려고 합니다. 똑같은 이유로, 처음에 보여드린 전선 루프에서,
루프 안쪽의 자기장 팽창 압력으로 전선 루프가 팽팽하게 뻗으며 이 압

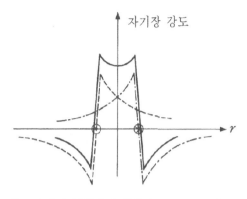

자기장 강도

ⓘ : 지면의 뒷쪽에서 앞쪽으로 흐르는 전류
ⓧ : 지면의 앞쪽에서 뒤쪽으로 흐르는 전류

그림 7.4 | 두 줄의 평행 전선에 의한 자기장

력과 전선의 장력이 균형을 이루고 있습니다. 구체적으로 자기장의 팽창 압력이 어느 정도 강한가를 말씀드리면 자기장 강도가 5만G인 경우, 압력은 100기압이 됩니다. 이 경우 루프의 지름을 30㎝, 전선(구리선)의 단면 높이를 1㎜로 하면 전선에 가해지는 장력은 150㎏이므로 이 구리선은 5㎜ 정도의 두께가 아니면 찢어지고 맙니다. 이 자기장의 팽창 압력은 자기장 강도의 제곱에 비례하므로 만일 20만G의 자기장인 경우는 압력은 16배가 되므로 고강도의 스테인리스나 유리 섬유 강화 플라스틱(G-FRP)으로 보강하지 않으면 찢겨져 날아가 버리고 맙니다. 그 정도로 자기장의 팽창 압력은 강합니다.

구일 코일이 찢어지면 큰일이지만, 이 힘을 이용하여 물체를 움직이

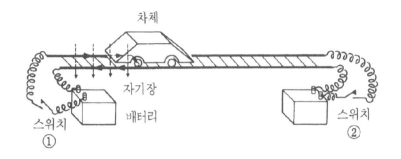

그림 7.5 | 전자력 실험 장치

는 방법이 있습니다. 그 실험 장치가 그림 7.5입니다. 이 장치의 레일은
구리로 만들었고 차륜과 차축은 스테인리스제이며 전기적으로 양 레일
사이는 차륜, 차축을 매개하여 전기가 흐르는 상태에 있습니다. 따라서
이것은 조금 전의 실험과 같은 하나의 전류 루프를 이루고 있습니다.
그러니 이 루프에 전류를 흐르게 하면 루프는 원형으로 되리라 생각할
지 모르나 이번에는 그렇지는 않습니다. 레일은 침목(沈木)으로 든든하
게 고정되어 있으므로 쉽게는 움직이지 않습니다. 결국 움직일 수 있는
것은 이 차축만이므로 이 차체와 함께 자기장의 팽창 압력으로 오른쪽
으로 밀리게 됩니다. 즉 차체는 오른쪽으로 달리게 되는 셈입니다.

　이 장치에서는 스위치 ①을 누르면 왼쪽의 루프에 팽창 압력이 발생
하여 차는 오른쪽으로 움직이고, 스위치 ②를 누르면 오른쪽의 루프에
팽창 압력이 발생하여 차는 왼쪽으로 움직입니다. 그러면 백문이 불여
일견이라, 해보도록 합시다. 자, 스위치 ①을 넣습니다. "돌, 돌, 돌…"

잘 움직입니다. 다음에 스위치 ②를 넣습니다. 차체는 원래의 위치로 돌아왔습니다. 이처럼 자기장의 팽창 압력으로 차체는 간단하게 움직입니다. 이것이 전자력입니다.

지금까지는 하나의 루프를 생각했습니다만, 반드시 그래야만 된다는 것은 아닙니다. 예를 들어 이 차체의 차축에 다른 전지로 전류가 흐르게 해도 무방합니다. 여기에 또 한 대의 차체를 갖고 왔는데, 이 차체의 차륜은 플라스틱제로 레일과 차축 간에는 전기는 흐르지 않습니다. 그 대신 차체에 탑재한 전지로 차축에 전기를 흐르게 합니다. 이 차체를 레일의 중앙부를 쇼트하여 스위치 ①을 넣습니다. 자, 스위치 온, "딱, 딱, 딱…" 전과 같이 차체는 움직이기 시작했습니다. 그러나 이 차체는 전지를 탑재하여 무거운데 게다가 차축에 흐르는 전류도 적으므로 먼젓번 것처럼 빨리 달릴 수는 없습니다.

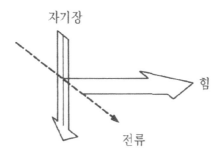

그림 7.6 | 플레밍의 왼손 법칙

이 차체도 레일에 흐르는 전류의 자기장과 차축에 흐르는 전류의 자기장 팽창 압력으로 달린다는 점에서는 앞의 그림 7.5와 같습니다만, 이 경우에는 레일에 흐르는 전류의 자기장에 의해 전지에서 공급한 차축 전류가 밀리고 있는 것같이도 보입니다. 이것은 고쳐 쓰면 그림 7.6과 같이 됩니다. 이것이 유명한 플레밍의 왼손 법칙입니다. 제6화에서 소개한 오른손 법칙(발전)과 쌍을 이룹니다. 각 손가락의 뜻은 같으나 이 경우는 엄지의 운동이 작용으로서의 역할을 합니다. 어쨌든 자기장과 전류에 직각 방향으로 힘이 작용합니다. 그리고 그 전선(지금의 경우는 차축) 1m당 작용하는 힘의 강도는 [자기장의 강도]×[전룻값]입니다. 말하자면 10만G의 자기장 중에 1,000A의 전류를 흐르게 하면 전선 1m당 1톤이란 강한 힘이 작용합니다.

지금 화제인 도쿄-오사카 간을 1시간으로 잇는 자기 부상 철도도

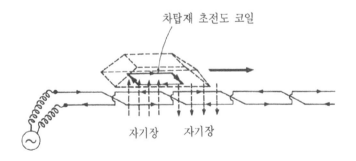

그림 7.7 | 자기 부상 철도의 추진 원리

플레밍의 왼손 법칙으로 달립니다. 이 중앙 리니어 신칸센(新幹線)은 시속 500㎞란 초고속으로 주행할 것이 예상되고 있으므로 매우 큰 주행력을 필요로 합니다.* 이러한 경우는 조금 전에 말씀드린 차체처럼, 차에 탑재한 전지로 전류를 흐르게 하는 것만으로는 불충분하며, 될 수 있는 한 대전류를 손실없이 흐르게 하기 위해 초전도 루프에 영구 전류를 흐르게 하여 차에 탑재합니다. 이처럼 초전도 코일을 사용하면 대전류를 얻을 수 있는 이점 외에 경량이란 특징이 있어 초고속의 부상식 철도로서 불가결한 요소라고 할 수 있습니다.

　그러나 초전도 코일을 차에 탑재했을 경우에는 코일의 전부에서는 전류는 바로 그 앞을 흐르고 후부에서는 반대로 그 뒤쪽을 흐르므로 각각에 미치는 자기장의 방향도 반대, 즉 앞부분에서는 밑으로 향하고 뒷부분에서는 위로 향하지 않으면 플레밍의 왼손 법칙으로 보아, 힘은 앞으로 향할 수 없습니다. 그러한 방향의 자기장을 발생시키기 위해서는 지상에 있는 레일 상의 전류 루프는 그림 7.5와 같은 단순한 것으로는 되지 않으며 그림 7.7에 나타낸 것처럼 휘어진 모양을 하고 있습니다. 그리고 초전도 코일이 전진하여 지상 전류 루프 곁에 있는 섹션에 다다르면 코일에는 역방향의 자기장이 미쳐 브레이크력이 작용하므로 레일 상 전류의 방향도 반전하여야만 합니다. 따라서 레일상 전선에는 교류 전류를 흐르게 하는 셈이 되며 그 교류의 주파수를 바꾸는 것에 따라

---

*　2015년 일본은 리니어 신칸센 주행 시험에서 최고 속도 603㎞로 세계 최고 기록을 경신했다.

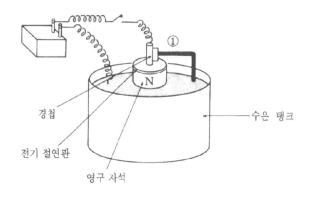

그림 7.8 | 패러데이의 모터

열차의 속도를 제어합니다. 가령 초전도 루프의 길이와 레일상 전선의 1구획 길이를 각각 2m로 하면 약 35㎐로 시속 500㎞가 됩니다.

여기서 다시 간단한 장난감을 사용해봅시다(그림 7.8). 이것은 패러데이가 1823년에 만든 것입니다. 제6화에서 프랑스의 비오나 사바르가 전류에서 자기장이 발생하고 있는 것을 발견했다고 말씀드렸지만, 이 발견은 전선에 전류를 흐르게 하면 가까이에 놓아둔 자침이 흔들린다는 것에서 발단했습니다. 그래서 패러데이는 그 역으로 자석으로 전선을 움직이려고 생각하고 여러 가지로 고심참담 후에 생각해낸 것이 이 장치입니다. 이 장치는 수은 속에 강력한 영구 자석을 담그고 영구 자석의 정단부에 경첩을 고정하고 거기에 전선을 이은 것입니다.

이 장치에서는 경첩과 수은 사이에 전지를 연결하면 이 전선 ①에 전류가 흐릅니다. 그러므로 이 전류와 영구 자석의 자기장에 플레밍의 왼손 법칙을 적용하면 이 전선은 어떻게 될까요. 그럼 스위치를 넣습니다. 자, 이 전선은 영구 자석의 정철을 중심으로 회전하기 시작했습니다. 이것은 바로 모터 그 자체인 것입니다. 조금 전의 자기 부상 철도의 경우는 직선적으로 움직이므로 리니어(직선) 모터라고 불리고 이 패러데이의 장치는 회전 모터입니다.

이 장치의 완성 후 패러데이는 크게 발상을 전환했습니다. 즉 "비오와 사바르의 발견, 즉 전류로 자석을 움직인다는 발견의 역을 시도한 이 모터는 실은 그들 것의 진정한 역이 아니다. 진정한 역현상은 자석에서 전기를 발생시키는 것이다"라는 데에 패러데이는 생각하기에 이르러 1931년이 되어서야 겨우 전기 발생에 성공했다는 것은 제6화에서 말씀드린 대로입니다. 하여튼 패러데이는 모터뿐만 아니라 발전기까지 발명한 사람이며 그야말로 현재의 전화(電化) 사회를 낳은 아버지라고 말할 수 있습니다.

이동자기장에 의한 전자력

그럼 이어서 이동자기장에 의한 전자력을 살펴봅시다. 이것은 실제로는 제6화와 조금 전의 전자력의 이야기를 함께한 것으로, 우선 제6화에서는 이동자기장과 도체가 있으면 플레밍의 오른손 법칙에 의해 도체에 전류가 발생한다고 했습니다. 그리고 조금 전에는 자기장과 전류가 있으면 플레밍의 왼손 법칙에 의해 전류에 힘이 작용한다고 말씀드렸습니다. 그런데 지금부터 이야기하려는 것은 이동자기장과 도체가 있으면 도체에는 전류가 발생하고 그 전류에 이동자기장이 작용하여 힘이 발생한다는 이야기, 요컨대 이동자기장과 도체가 있으면 도체에 힘이 작용한다는 이야기를 하겠습니다. 이것을 모식적으로 그리면 그림 7.9와 같이 됩니다. 예를 들어 구리판 위에서 봉자석을 왼쪽에서 오른쪽으로 이동시키면 자석의 전방에서는 자기장의 증가를 억제하는 듯이, 봉자석과 반대의 자기장을 이루는 것처럼 구리판 내에 전류 ①이 흐르고 봉자석의 후방에서는 자기장의 감소를 억제하는 듯이 봉자석과 같은 방향의 자기장을 이루는 것처럼 구리판 속 전류 ②가 흐르지만, 이 전류 ①과 ②의 자석 바로 밑에서의 방향은 같으며 ③이 됩니다. 그렇게 되면 이 ③에

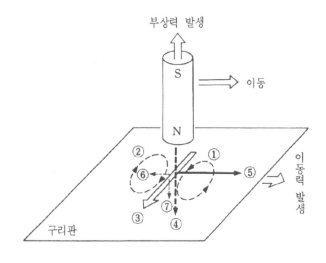

그림 7.9 | 이동자기장에 의한 힘 발생의 설명

자기장 ④가 작용하면 플레밍의 왼손 법칙으로 ⑤와 같은 전자력, 즉 구리판에는 자석의 이동 방향과 같은 방향의 힘이 발생합니다. 이러한 원리로 힘을 발생하는 장치를 인덕션형 모터라고 합니다.

이것을 실험으로 확인하고자 하는데, 여기에 아까부터 놓여있는 장치는 회전자기장 발생 장치입니다(그림 7.10). 각각 마주 보는 철심에는 코일이 감겨 있고 이 코일에 순차 시간차가 있는 전류(3상 교류)를 흐르게 하면 장치 내부의 자기장은 원통중심축의 주변을 회전합니다. 자기장의 회전 속도는 3상 교류의 주파수로 정해지지만 60Hz의 교류를 흐르게 하면 매초 30회란 속도로 자기장은 회전합니다. 그럼, 전원 스위치를 넣고 회전자기장을 발생시킵니다. 약간 붕 하는 소리가 나는데 이것은 교류 기기 특유의 소리이며 자기장이 수시로 변동하므로 각 코일에 작용하는 전자력도 변화하니, 그 때문에 이러한 진동음이 발생합니다.

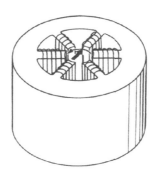

그림 7.10 | 회전자기장 발생 장치

그럼, 우선 이 회전자기장 속에 플라스틱 봉을 넣습니다. 이 봉은 아무것도 감지하지 않습니다. 플라스틱은 절연재이므로 유도 전기가 흐르지 않으니 당연한 결과입니다. 그럼 다음에는 스테인리스 관을 넣습니다. 이것은 꽤 회전력이 있으나, 꼭 잡아 쥐면 갖고 있을 수 있습니다. 좀 손을 늦추면 손안에서 돌아갑니다. 그럼 다음에는 구리관을 넣습니다. 야, 이것은 꿍장한 회전력입니다. 도저히 제 손아귀로는 견딜 수 없습니다. 아무리 꽉 잡아도 손안에서 미끄러지면서 회전합니다. 더 이상 못 견디겠습니다. 전원을 끄겠습니다. 정말 놀랐습니다. 좀 더 있었더라면 손바닥 피부가 벗겨질 뻔했습니다. 이처럼 구리관에 작용하는 전자력이 특히 강한 것은 구리관의 전기 저항이 적으므로 유도 전기가 잘 흐르기 때문입니다. 이런 사실로서도 이 유도 전류에 전자력이 작용한다는 것을 이해할 수 있습니다.

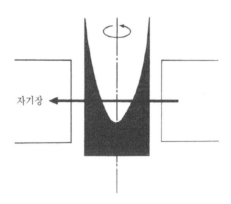

그림 7.11 | 액체 금속 회전 모습

이 장치를 사용하여 다시 한 번 실험을 합시다. 더욱 회전이 잘 보이는 실험을 해봅시다. 조금 전에 패러데이의 모터 실험에서 사용한 수은이 이 유리통 속에 넣어져 있습니다. 이것을 이 회전자기장 속에 넣습니다. 자, 어떻게 될까요. 보시는 바와 같이 수은은 회전합니다. 액체는 회전하면 원심력의 작용으로 중심축 부분이 움푹 들어갑니다(그림 7.11). 더욱 회전자기장을 세게 합니다. 수은의 회전은 매우 빨라집니다. 그것에 수반하여 보십시오. 이처럼 중심부가 파이고 주변은 높아져 수은이 흘러나올 정도입니다. 이 장치는 실은 이처럼 액체 금속을 회전시키는 장치입니다. 그나마 수은이 아닙니다. 용강(鎔鋼)입니다. 녹은 철입니다. 철이 굳어질 때 결정이 중심을 향해 성장하고 중심부에 바람 든 구멍이 생길 때가 있는데, 그러한 것이 생기지 않도록 응고 도중의 철을 이 회전자기장 속에 넣어, 용강의 회전력으로 침상 결정을 절단하고 중심부에 바람 든 구멍이 없는 균질한 철을 만드는 데 사용합니다. 최근에는 대부분의 철이 그러한 수법으로 만들어지므로 주변에 있는 많은 철은 이러한 회전자기장을 경험했을 것입니다.

이 이동자기장에 의한 전자력 발생 방법의 최대 특징은 힘을 받는 물체에 전류를 공급할 필요가 없다는 점입니다. 이동자기장만 부여해 주면 그 자기장의 방향으로 도전체를 움직일 수 있습니다. 이 특징은 바닷물 같은 혼합 도전성 유체에 힘을 발생시킬 경우에 큰 이점이 됩니다. 즉 외부에서 바닷물에 전류를 공급하기 위해서는 바닷물에 플러스와 마이너스의 전극 판을 넣고 마이너스 측에서 전류의 원천인 전자를 바닷물에 넣는데, 그 결과 전극판의 표면에서 화학 반응이 생겨 마이너스 전극부터는 수소가스가 발생합니다. 동일하게 플러스 전극에서는 염소계의 화합물이 발생합니다. 앞에서 이야기한 정상 자기장에 의한 전자력 발생 방법으로 바닷물에 힘을 작용시킬 경우에는 반드시 이러한 화학 반응이 수반됩니다. 그것과는 반대로 유도 전류 방식의 경우는 직접 전류를 흐르게 할 필요가 없으므로 전극 반응은 전혀 없습니다. 이 경우에는 변동 자기장에 의해 발생한 유도 전압에 의해 바닷물에 녹아 있는 나트륨 이온(Na^+)이나 염소 이온(Cl^-)이 좌우로 움직여서 전류가 발생하고 있을 뿐입니다.

이상과 같이 이 이동자기장 방식의 큰 이점이 판명된 마당에 서 이 방식의 또 하나의 응용을 봅시다. 그것은 자기 부상입니다.

그러기 위해 다시 한번 그림 7.9를 보아주시기 바랍니다. 조금 전에

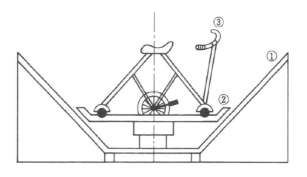

그림 7.12 | 하늘을 나는 건강 증진기

는 구리판 중앙부에 유도 전류 ③이 발생한다고 말씀드렸는데, 그 일순간 후에는 구리판 위의 봉자석이 약간 오른쪽으로 이동하여 있기 때문에 전류 ③은 봉자석에서 발생한 가로 방향의 자기장 성분 ⑥을 받습니다. 이 자기장 ⑥과 유도 전류 ③에 플레밍의 왼손 법칙을 적용하면 유도 전류(구리판)는 아래쪽 ⑦의 방향으로 힘을 받습니다. 그러므로 그 반작용으로 이 동자력은 위쪽으로 부상력을 받게 됩니다.

이러한 자기 부상의 원리를 사용한 도구를 여기에 갖고 왔습니다. 이것은 언젠가는 유행하리라 여겨지는 최신의 건강 증진기인데 자전거 타기를 하는 것으로 자력으로 부상하는 장치입니다(그림 7.12).

간단하게 이 장치를 설명하겠습니다. 페달을 밟으면 이 원판 ②가 회전합니다. 이 원판의 회전을 빠르게 하면 부상력이 발생하며 그때의 부상 높이는 ③에 디지털로 표시됩니다. 페달을 열심히 밟으면 최고 1m까지 부상합니다. 그럼 이 안장에 앉아 페달을 밟아보십시오. 점점 원판의 회전이 빨라졌습니다. 그렇지만 아직 부상하지 않았습니다. 부상하면 소리가 약간 조용해집니다. 슬슬 부상할 것 같은데요. 힘내세요. 앗, 부상했습니다. 지금 1㎝입니다. 더 힘차게 페달을 밟으시오. 더, 더, 점점 부상하는 높이가 높아집니다. 지금은 15㎝입니다. 예, 좋습니다. 매우 수고했습니다. 피곤하시지요, 마라톤 선수 정도라면 거뜬히 1m는 부상할 것입니다.

놀이는 이 정도로 하고 이 장치의 메커니즘을 살펴봅시다. 페달을 밟으면 회전하는 이 원판 ②에는 영구 자석이 붙어 있습니다. 그리고 이 영구 자석 둘레의 굽이 ①은 구리로 되어 있습니다. 이렇게 해놓고 영구 자석을 돌리면 앞의 그림 7.9에서 설명한 대로 영구 자석 바로 밑의 구리판에는 유도 전류가 흐르므로 그것에 반발하여 영구 자석이 뜨고 그 힘으로 안장에 앉아 있는 사람도 부상합니다. 이 부상력은 자석의 회전 속도에 비례하므로 빨리 페달을 돌릴수록 높이 부상합니다. 그런데 이 장치는 한층 높게 부상하도록 고안되어 있습니다. 그렇게 하기 위해 자석이 부상하면 그것에 따라 자석은 바깥쪽으로 밀려나기보다 높은 구리벽에 힘을 미쳐 점점 높게 부상하도록 되어 있습니다. 언젠가는 이러한 장치로 하늘을 나는 날도 오지 않을까요.

이 부상 원리는 일본의 철도종합기술연구소에서 개발 중인 자기 부상 철도에도 채용되어 있습니다. 이 경우에는 자석을 회전시키는 대신에 리니어 모터로 직진 주행시켜서 부상력을 발생시킵니다. 그리고 부상력을 될 수 있는 한 크게 하고 10㎝ 이상의 부상 높이를 확보하기 위해 영구 자석 대신에 초전도 코일을 부상 열차에 탑재합니다.

자기장을 차단한다

제6, 7화에서 자기장이 전류를 발생하거나 힘을 미치기도 한다는 이야기를 했습니다. 이러한 일이 생긴다는 것을 자기장은 하등 눈에 띄는 일도 없이 모르는 사이에 주변에 여러 가지 영향을 미치고 있다는 것을 의미합니다. 이 자기장의 영향 중에는 우리들의 일상생활에 있어서는 바람직하지 못한 것도 있습니다.

예를 들면 텔레비전 브라운관에 영구 자석을 갖다 대면 화면이 비뚤어집니다. 텔레비전의 브라운관은 전자빔이 브라운관 구석구석까지 주사하고 장소에 따라 전자빔의 강도를 변화시키는 것으로 텔레비전 화면을 묘상하고 있는데, 이 전자빔은 진공 속을 벋고 있는 전자이므로 전류 그 자체이며 따라서 여기에 자기장을 작용시키면 제6화에서 설명한 대로 플레밍의 왼손 법칙에 따라 전자빔의 진로가 휘어지고 원래 주사해야 할 브라운관의 장소에서 약간 빗나간 장소를 주사하므로 당연히 텔레비전의 화면상은 비뚤어 보입니다.

그밖에 비디오테이프 등은 자성 박막의 자화 패턴으로 화상 정보 등을 기억하고 있으므로 강한 자기장을 부여하여 테이프 상의 자화 패턴을 흩트려놓으면 기억이 파괴되어 재생 화상은 엉망으로 됩니다. 또한 IC로 대표되는 전자 소자도 내부에는 전자가 이리저리 벋어 있고 게다가 반도체의 미세한 에너지 준위 구조를 이용하고 있으므로, 특히 자기장에는 민감하여 가령 대형 전자계산기 등은 5G(지구 자기장의 약 20배)

이상의 자기장 영향을 받지 않도록 주의를 기울이고 있습니다.

이러한 것을 생각하면, 특히 초전도의 강력한 자기장을 사용할 경우에는 자기장을 차폐하는 기술, 이른바 자기밀폐 기술도 병합하여 개발할 필요가 있으며 그것으로 특히 계측·제어 장치 등을 자기장으로부터 보호해야만 합니다.

자기밀폐 방법에는 두 종류가 있습니다. 하나는 철로 둘러싸는 방법, 또 하나는 초전도재로 싸는 방법입니다. 이렇게 말씀드리면 초전도재는 철과 같은 것으로 생각할지 모르나 실은 이 양자의 자기밀폐의 메커니즘은 전혀 반대되는 관계에 있습니다. 즉 철을 사용하는 방법에서는 철로 불필요한 자기장을 흡수하여 자기밀폐하는 데 반하여 초전도재를 사용하는 경우는 이 불필요한 자기장을 반사해서 자기밀폐를 합니다.

가정용의 기계로 자석을 내장하고 있는 것으로서 가령 모터 등은 전체를 철제 케이스에 넣어서 자기장을 흡수하고 주변에 자기장이 생기지 않도록 되어 있습니다. 그 케이스를 경량화하기 위해 알루미늄재를 사용하면 알루미늄재는 자기장을 흡수할 힘이 전혀 없으므로 자기밀폐 효과는 도저히 기대할 수 없습니다. 이 모터 이외에도 철을 사용하여 자기밀폐를 한 기계는 주변에 얼마든지 있으므로 여기에서는 초전도를 사용하는 경우에 한정하여 말씀드리도록 하겠습니다.

초전도에 의한 자기밀폐의 원리

바로 앞에서 "초전도재를 사용하여 자기장을 반사시킨다"라고 말씀 드렸는데, 이것은 실은 마이스너 효과를 의미하고 있습니다. 이것을 그림으로 그리면 그림 8.1과 같이 됩니다. 이 그림에 나타냈듯이 초전도판의 밑에 봉자석을 가져가면 이 봉자석에 방출되는 자력선은 초전도체를 통과하지 못하므로 초전도체의 바깥쪽, 이 그림에서는 위쪽입니다만, 이쪽에는 자력선이 오지 않습니다. 이 말은 초전도의 바깥쪽에는 자기장이 없다는 것, 즉 초전도체로 자기밀폐를 했다는 것이 됩니다. 이때. 초전도체와 봉자석 간의 자력선은 매우 조밀하게 되므로 제6화에서 설명한 자력선의 팽창력은 그만큼 강하고 초전도판은 위쪽에 힘을 받아 부상합니다. 그 반작용으로서 봉자석은 아래쪽에 강한 전자력을 받게 됩니다.

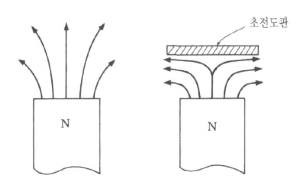

그림 8.1 | 초전도 자기밀폐의 설명

이러한 일이 생기는 것은 제3화의 부상 자석의 실험과는 역이지만, 말하자면 초전도판을 위에서 점점 봉자석에 접근시키는 경우를 생각하면 초전도판에 미치는 자기장이 변화하는 데 따라 초전도판 내에 패러데이의 유도 전압이 발생하고 그것에 의해 초전도판에 자기장의 상승을 억제하는 전류, 이른바 차폐 전류가 흐릅니다. 이 전류는 영구 전류이므로 초전도 상태를 유지하는 한 감쇄하지 않습니다. 이 초전도판 내에 유도된 전류에 의한 자기장과 봉자석에 의한 원래의 자기장을 겹쳐 놓으면 초전도판의 위쪽은 바로 0이 됩니다. 그 대신 초전도판의 아래쪽에는 자기장이 강해서 결과적으로는 그림 8.1과 같은 자기장 분포가 됩니다.

초전도 자기밀폐의 한계

여기에서 모처럼 액체 헬륨을 사용하여 초전도 자기밀폐 실험을 해 봅시다. 여기에 갖고 온 것은(그림 8.2) 초전도 코일 그리고 자기밀폐 실험용의 초전도관, 그리고 이것은 자기장의 밀폐 정도를 계측하는 센서입니다. 이것은 -270℃에서 그대로 사용할 수 있으며 전문적으로는 홀소자라고 합니다. 그리고 단골인 유리제 보온병인데 이 속에 액체 헬륨을 넣고 실험을 하겠습니다.

그럼 실험 준비를 합시다. 이 0.7㎜의 초전도판(나이오븀-티타늄판)에 의한 자기밀폐 효과를 실험합니다. 우선 홀소자의 위치를 고정하기 위해 이 베이클라이트판의 홈에 끼웁니다. 그리고 이 베이클라이트판을

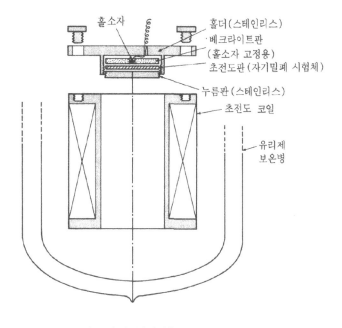

그림 8.2 | 자기밀폐 실험 장치

시험체인 나이오븀-티타늄판 위에 놓습니다. 그리고 이렇게 스테인리스제의 홀더에 설치합니다. 스테인리스는 자기장에 불감이라 할까요, 자기장을 자유로이 통과시키므로 이 홀더에 넣어도 자기장을 비뚤어지게 하는 일은 없습니다. 끝으로 이 홀더를 초전도 코일의 상부에 고정합니다. 이것은 꽤 튼튼하게 고정하지 않으면 조금 전에 말한 대로 자기밀폐재인 나이오븀-티타늄판에는 위를 향해 상당한 전자력이 미칩니다. 여담이지만 수년 전에 이 장치를 사용하여 실험하고 있던 중, 갑자기 이 자기밀폐 홀더가 위로 팅겨 올라, 자칫하면 다칠 뻔했습니다.

후에 조사했더니 홀더의 고정 나사를 잠그는 것을 잊고 있었습니다.

이처럼 준비가 되었으면, 특히 홀소자용의 가는 리드선이 끊기지 않도록 주의하면서 장치 전체를 보온병에 넣습니다. 이것으로 준비는 끝났습니다. 그럼 초전도 코일의 냉각을 시작합니다. 통상은 액체 질소를 우선 보온병에 넣고 초전도 코일을 약 -200℃까지 냉각시키고 나서, 액체 질소를 제거한 다음에 액체 헬륨을 넣어 초전도 코일을 -269℃까지 냉각합니다. 이렇게 가장 규범적인 수순대로 하기에는 시간이 부족하므로 여기에서는 좀 간편한 방법으로서 소형 냉동기를 사용하여 초전도 코일을 미리 냉각시킵니다. 예를 들어 역스터링 사이클식 소형 냉동기로 스위치를 넣으면 약 30분 동안 저온부는 -250℃ 정도로 온도가 내리고, 1시간 정도 경과하면 초전도 코일의 예랭(豫冷)은 끝납니다. 그동안은 휴식 시간으로 하므로 장치를 천천히 관찰하든 자유롭게 보내

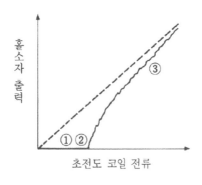

그림 8.3 | 홀소자 출력

시기 바랍니다.

자, 후반부를 시작하겠습니다. 이미 초전도 코일의 예랭은 끝났고 액체 헬륨의 충전도 끝났습니다. 초전도 코일의 전원이나 홀소자의 계측 준비도 끝났습니다. 이제 초전도 코일의 전류를 서서히 증가하는데 만일 자기밀폐재가 없으면 홀소자의 자기장은 직선상으로 상승합니다 (그림 8.3의 점선). 그러나 초전도 자기밀폐재가 효과를 발휘하면 홀소자의 자기장은 0인 채 그대로입니다. 그러면 초전도 코일에 전류가 흐르게 하겠습니다. 확실히 이 기록계를 봐주십시오. 먼저 실측한 초전도판이 없는 경우의 데이터(그림 8.3의 점선)와 잘 비교하면서 봐주십시오. 자, 기록계의 펜이 오른쪽으로 움직이기 시작했습니다. 보시는 바와 같이(그림 8.3 ①) 홀소자의 출력은 0인 채 그대로입니다. 초전도판의 자기밀폐는 완벽합니다. 매우 잘되고 있다고 여겨지면 이 기록계의 펜에 주목해주십시오. 홀소자의 출력이 나오기 시작했습니다(그림 8.3 ②). 이 점 ②가 지금 사용한 초전도판의 자기밀폐 능력의 한계점입니다. 제3화에서 초전도체에는 제1종과 제2종의 두 종류가 있다고 이야기했습니다. 만일 여기에서 사용한 자기밀폐 시험체가 제1종 초전도체이면 ②에서 자기장은 일시에 침입하여 홀소자의 출력은 불연속적으로 밀폐판이 없는 경우의 점까지 상승합니다. 그러나 여기에서 사용하고 있는 초전도체 나이오븀 - 티타늄은 전형적인 제2종 초전도체이며 ②보다 자기장이 강해지면 자기장은 서서히 침입하게 됩니다. 그림 8.3의 커브는 그러한 모습을 잘 나타내고 있습니다.

이처럼 여러 가지 초전도판에 대해서 자기밀폐 한계 실험을 했습니다. 여기에서는 이 이상은 할 수 없으므로 지금까지 얻은 결과의 일부를 보여드리기로 하겠습니다.

두께 1μ의 필름으로도 차단 능력이 있다

우선 궁금한 것은 초전도판을 2매, 3매로 여러 매를 증가시키면 자기밀폐의 능력은 그것에 비례할 것인가 하는 점입니다. 그것을 확인한 실험 결과가 이것(그림 8.4(a))입니다. 바로 예상대로 0.7㎜ 두께의 나이오븀-티타늄판을 2매로 하면 자기밀폐 능력은 정확하게 2배가 됩니다.

그러면 판의 두께는 어떨까요. 두께를 0.1㎜, 0.2㎜로 두텁게 하면 자기밀폐 능력도 그것에 비례하여 높아질까요. 그것을 확인한 것이 이

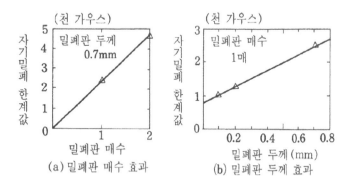

그림 8.4 | 초전도 자기밀폐 실험 결과의 한 예

것(그림 8.4 ⓑ)입니다. 보시는 바와 같이 일단은 두께에 비례하는 것처럼 보이지만, 이 경우는 어쩐지 두께가 0이라도 자기밀폐 효과가 있는 것처럼 보입니다. 당초에는 그런 엉터리 같은 일이 있을 수 없다고 여겨, 실험의 사소한 착오일 것이라고 보고 무시하고 있었는데 갑자기 어떤 일이 생각났습니다.

그것은 자기밀폐를 하기 위한 유도 전류는 초전도판의 표면에만 흐르고 있습니다. 따라서 매우 얇은 초전도판이라도 상당한 자기밀폐 효과가 기대될 수 있다는 것이었습니다. 이것은 제4화에 이야기한 런던

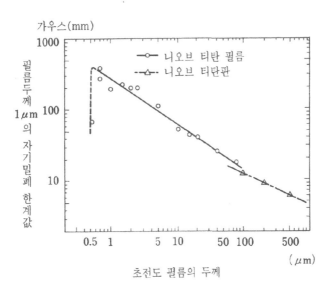

그림 8.5 | 초전도 필름의 자기밀폐 효과(고압가스공업㈜ 제공)

의 자기장 침입 깊이입니다. 따라서 얼핏 두께가 0이라도 자기밀폐 효과가 있는 것처럼 보이는 그림 8.4(b)의 실험 데이터는 반드시 틀린 것은 아닐지도 모른다고 여겨 두께 1μ 이하의 나이오븀-티타늄 필름에서 0.5㎜의 나이오븀-티타늄판까지의 여러 두께의 시험 재료에 대해서 실험하기로 했습니다. 이러한 초전도 필름은 당시는 시판되고 있지 않았으므로 대학 선배에게 부탁하여 만들었습니다. 그렇게 해서 실험한 결과가 이것(그림 8.5)입니다.

바로 예상했던 대로 아니나 다를까 두께 1μ(=0.001㎜) 정도의 나이오븀-티타늄 필름이 단위 두께당 자기밀폐 효과가 최대라는 것을 알게 되었습니다. 그리고 이 얇은 필름을 여러 장 겹치니 매수하고는 완전히 비례하지 않으나 한층 높은 자기밀폐 효과를 얻을 수 있다는 사실을 확인했습니다. 실제로 두께 1μ의 나이오븀-티타늄 필름 1,000매를 알루미늄판과 번갈아 겹쳤더니 2만~3만G 정도의 자기밀폐가 기대되었고, 앞서의 실험에 사용한 두께 0.7㎜ 나이오븀-티타늄판의 자기밀폐 능력에 비교해 약 10배나 우수하다는 것을 알게 되었습니다. 얼핏 보아서는 아무것도 아닌 것 같은 실험 데이터를 추적함으로써 이러한 흥미로운 결과를 얻어낼 수 있었습니다. 실험 데이터가 귀중하다는 것을 보여주는 한 예라고 생각합니다.

끝으로 초전도 자기밀폐의 특징을 말씀드리겠습니다. 초전도 자기밀폐 최대의 특징은 아무래도 그 경량성에 있습니다. 가령 1m의 공간에 있는 1만G의 자기장을 종래의 방법으로 차폐하는 데는 그 양측을 두께 25㎝ 이상의 철재로 둘러쌀 필요가 있습니다. 그것에 반해 초전도 자기밀폐의 경우는 앞에서의 실험 데이터에서 전체 두께 10㎝ 정도의 알루미늄 나이오븀 – 티타늄 필름 적층체(積層體)로 충분합니다. 단지 현상으로는 이것을 액체 헬륨으로 냉각하거나 전자력을 유지하는 것이 매우 어렵지만 -200℃ 이상, 즉 액체 질소 온도 이상에서 사용할 수 있는 고온 초전도 필름이 출현하면 크게 용도가 넓어질 것으로 기대되고 있습니다. 실제로 고온 초전도체의 가장 빠른 실용 제품 후보의 하나로서 지금 이 연구 개발은 매우 활발합니다.

3장

초전도 전자추진선

초전도 응용에 관한 연구 개발은 1986년 세라믹계 고온 초전도 물질의 발견 이래 더욱 활발해졌다. 그중에서도 일본의 철도종합기술연구소가 추진하고 있는 초전도 자기 부상 철도 및 쉽앤드오션재단(구 일본선박진흥재단) 이 추진하고 있는 초전도 전자추진선의 개발은 모두 그 분야에서 세계를 크게 앞지르고 있다는 점과 앞으로의 경제 활동에 커다란 충격을 미치리라는 점에서, 일본에서의 초전도 응용 연구의 대표적인 예라고 할 수 있다.

그러므로 이 장에서는 초전도 응용의 한 예로 전자추진선을 다루어 전자추진의 원리, 세계적으로 본 지금까지의 전자추진 연구의 경과, 전자추진선의 시스템 구성, 나아가서 장래 전망까지를 포함하여 설명하고자 한다.

초전도 전자추진 모델선이 달린다

여기에서는 큰 투명한 염화 비닐의 수조와 초전도 전자추진 모델선 SEMD-1을 준비했습니다. 이 수조에는 근처 바다에서 퍼온 바닷물이 들어 있습니다. 이 모델선(그림 9.1)은 약 15년 전에 고베 상선대학의 사지 선생 그룹에 의해 만들어진 것으로 저도 그 그룹의 일원이었습니다. 이 모델선의 주요부는 그림 9.2 같은 구조입니다. 상부가 액체 헬륨 탱크로 되어 있고, 이 탱크 밑으로 돌출한 용골상의 부분에 초전도 코일이 들어 있습니다. 이러한 액체 헬륨이나 초전도 코일이 들어 있는 용기의 재료는 스테인리스입니다. 보통의 철로는 이런 저온으로 하면 매

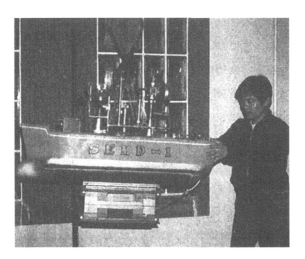

그림 9.1 | 초전도 전자추진 모델선 SEMD-1의 외관

우 물러 부서지기 쉽고, 자기에도 강하게 감응합니다. 저온에서 물러지지 않고 게다가 자기에도 감응하지 않는 재료로서는 스테인리스 외에 알루미늄이나 구리가 있는데, 용도에 따라 구분하여 사용합니다. 또한 액체 헬륨과 초전도 코일의 용기는 보온병 같은 이중 구조로 되어 있으며, 그 사이는 진공으로 하여 액체 헬륨의 증발을 철저하게 억제하고 있습니다. 초전도 코일은 세로 방향으로 놓여있으므로 자장은 가로 방향으로 발생합니다. 이 초전도 코일은 전체 길이가 25㎝ 정도인 작은 것으로 영구 전류 모드로 작동합니다. 따라서 초전도 코일의 여자를 마치면 전원은 필요 없게 됩니다.

용골부 외면의 양측에 해수통 전용 전극판이 장치되어 있습니다. 전극판에서 바닷물에 흐르는 전류가 용골부에 들어가지 않도록 용골부 표면은 전기 절연을 해놓았습니다. 또한 전극판은 특히 해수 통전 시 부식하기 쉬우므로, 그것을 피하기 위해 티타늄의 기판에 백금 도금한 특수 재료를 사용했습니다. 이 전극판에 의해 상하 방향으로 해수 전류를 흐르게 합니다. 해수 전류의 전원으로는 모델선 후부에 탑재한 건전지를 사용합니다. 따라서 제7화에서 이야기한 것처럼 가로 방향의 자장과 세로 방향의 해수 전류의 상호 작용으로 플레밍의 왼손 법칙에 따라 바닷물에 전자력이 작용하고 그 반작용으로 모델선은 달립니다. 이 모델선은 보시는 대로 전체 길이가 1m인 작은 것이지만 그래도 완성 당시는 프로펠러 없이 초전도 코일만으로 움직이는 세계 최초의 모델선으로 화제가 되어 각 방송국으로부터의 취재나 외국에서 일부러 견

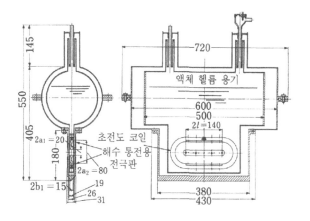

그림 9.2 | 모델선 SEMD-1의 구조

학하러 온 정성스러운 연구자도 몇 사람인가 있었습니다.

그럼 주행 실험 준비를 합시다. 액체 헬륨 탱크에는 이미 액체 헬륨이 충전되어 있습니다. 이 액체 헬륨 용기의 배관에서 나는 흰 연기는 헬륨의 증발가스입니다. 상온에서의 헬륨은 공기의 약 7분의 1로 가벼우므로 이렇게 냉한 상태에서는 공기의 부력으로 상승합니다. 만일 이 것이 액체 질소나 LNG의 증발가스라면 냉해져 있을 때는 공기보다 무거우므로 흰 연기는 밑으로 드리워집니다. 이러한 점에 주의하면 냉매가 액체 헬륨인지 액체 질소인지 금방 알 수 있습니다.

이 초전도 코일은 영구 전류 모드로 작동하므로 우선 영구 전류 스위치를 오프로 둬야만 합니다. 그다음에는 초전도 코일에 전류가 흐르게 합니다. 자, 전류는 흐르기 시작했습니다. 이 초전도 코일은 지름 0.15

㎜란 가는 초전도선으로 감겨 있으므로 허용 전룟값은 20A입니다. 자, 20A가 되었으므로 전류의 흐름을 멈춥니다. 다음은 어떻게 하지요, 그렇군요. 영구 전류 스위치를 온으로 둡니다. 그리고 코일 전류와 전룟값을 이처럼 서서히 내립니다. 자, 0이 되었습니다. 이것으로 전원에서 선체로 연결되어 있는 여자 리드를 제거하여도 상관없습니다. 선체가 수조에서 달리게 하려면 여자 리드는 방해되므로 제거하기로 합시다.

다음은 실제로 용골부의 초전도 코일에서 자기장이 발생하고 있는지 확인합니다. 보십시오. 전극판 표면에서 약 6,000G입니다. 자기장의 방향도 가로 방향입니다. 초전도 코일에서 발생하고 있는 세계 최고의 자기장은 현재 약 20만G이지만, 이 SEMD-1의 초전도 코일은 작으므로 초전도 코일이라 해봤자 이 정도의 자기장밖에 나오지 않습니다. 그러나 작다고 해도 지구 자기장의 약 3만 배, 이 휜 판에 붙어 있는 자석의 약 10배가 되어, 매우 강한 것에는 틀림없습니다. 부언하자면 철 공구, 가령 드라이버를 손에 꼭 잡고 용골부에 접근시키면 보십시오, 10㎝ 정도의 간격이 있어도 대단한 흡인력입니다. 이 이상 접근시켜 저의 힘으로 지탱할 수 없으면 안 됩니다. 이 드라이버가 용골부 채 붙어버려 모처럼의 모델선 주행 실험을 할 수 없게 되면 곤란합니다. 몇 년 전인가 실험 중에 드라이버가 충돌하여 생긴 상처가 용골 중앙부에 있습니다. 어쨌든 초전도 코일을 사용한 강자기장 실험을 하는 경우에는 공구는 물론, 기타 몸에 달린 것에도 충분히 주의할 필요가 있습니다. 또 손목시계도 이러한 강자기장에 노출되면 물론 멈춥니다.

과연, 잘 달릴까

이것으로 초전도 코일의 준비는 완료되었습니다. 자, 모델선을 해수 수조 속에 넣습니다. 그럼 바로 바닷물에 전류가 흐르게 합시다. 해수 전류는 최대 10A입니다. 자, 스위치를 넣었습니다. 바닷물이 힘차게 뒤로 흐르고 모델선이 천천히 전진을 시작합니다. 바닷물의 전류 방향을 역으로 합니다. 자, 역으로 했습니다. 그러나 보시는 대로 바닷물의 흐르는 방향이 순간적으로 역으로 되고, 모델선에는 급브레이크가 걸리고, 이번에는 역방향으로 나아갑니다. 이처럼 추진력의 응답성이 대단히 좋은 것이 전자추진선의 커다란 특징입니다.

그럼 이번에는 바닷물 속의 전극판에 주목해주십시오. 우선 해수 전류를 밑에서 위로 흐르게 합니다. 즉 위의 전극을 마이너스로, 밑을 플러스로 합니다. 그렇게 하니 위의 전극에서 작은 흰 거품이 많이 발생하고 이것이 힘차게 뒤로 흐릅니다. 이 흰 거품은 실은 수소가스입니다. 바닷물에 전류가 흐르게 하면 바닷물이 전기 분해되기 때문에 발생합니다. 플러스 전극 측에서는 염소가스가 발생하지만 이것은 바로 바닷물에 녹기 때문에 거품이 별로 보이지 않습니다. 그 대신 장시간 전류를 방류하면 수도에 흔히 있는 표백제 냄새가 납니다. 전류의 방향을 역으로 합니다. 이번에는 아래 측의 전극이 전부 희게 되고 거품이 흐르는 방향도 즉시 역으로 됩니다. 이처럼 빠른 응답성은 종래의 프로펠러에서는 볼 수가 없습니다.

전자추진선의 또 하나의 큰 특징은 가동부가 전혀 없었으므로 추진기에서 발생하는 진동이나 소음이 전혀 없는 점입니다. 유감스럽게도 이 SEMD-1으로는 액체 헬륨의 증발가스가 내는 소리가 꽤 크기 때문에 전자추진의 '고요함'을 체험할 수 없지만, 이전에 이것보다도 큰 모델선 ST-500의 주행 실험을 했을 때는 헬륨가스의 소리는 전혀 없으므로 해수 전류의 스위치를 넣으면 모델선은 조용히 아무 소리도 없이 미끄러지듯 달리기 시작하는 것을 여러 번 경험했습니다. ST-500의 소개는 제12화에서 하겠습니다만, 배의 길이가 3.6m나 길어, 이 장소에서는 주행 실험을 할 수 없는 것이 유감입니다.

모처럼의 기회이므로 간단한 실험, 즉 발생 전자력의 측정을 해봅시다. 여기에 준비한 것은 힘을 전기 신호로 변환하는 데 필요한 센서

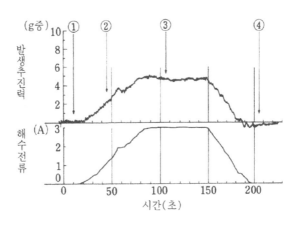

그림 9.3 | 해수 통전값과 발생 추진력의 한계

인데, 이 센서를 통해 모델선을 수조에 연결합니다. 이 센서의 출력, 즉 발생 추진력은 이쪽의 펜식 기록계에 연결되어 있습니다. 해수 전류의 값도 이쪽의 기록계에 나타납니다. 기록계를 시동하겠습니다. 지금은 보시는 대로(그림 9.3 ①), 해수 전류는 0이므로 발생 추진력도 0입니다.

이 소리는 이 빌딩의 진동이나 장내의 바람이라 할까요, 공기의 움직임으로 이 모델선이 흔들리기 때문에 발생합니다. 이 센서는 매우 강도가 높으므로 실제로 이 기록계의 세로축 전체 규모로 10g(그램)의 힘밖에 없습니다. 따라서 이 정도의 미세한 외란(外亂)이라도 기록계에 현저하게 나타납니다. 한때 고베 상선대학에서 이것과 유사한 실험을 했을 때는 진동을 피하기 위해 실험 시간을 심야에 택하여 실험실의 창문이란 창문은 전부 잠그고, 또한 실험실 안을 걸을 때도 발소리를 죽이고, 말도 입에다 손을 대고 겨우 들릴 정도로 조용히 말하는 상태에서 실험을 한 일이 생각납니다.

그럼 해수 전류를 흐르게 합니다. 우선 천천히 2A까지 전류를 높입니다. 전극판이 점점 희게 됩니다. 보시는 바와 같이 (그림 9.3 ②) 해수 전류의 상승과 똑같은 보조로 힘 센서의 출력, 즉 발생 추진력이 상승합니다. 자, 2A입니다. 여기서 전류를 그대로 유지하고 상태를 살펴봅시다. 이때의 힘은 약 1.7g입니다. 그럼 좀 더 해수 전류를 높입니다. 자, 3A입니다. 여기서도 잠시 기다려봅시다. 이때의 힘은 약 2.3g입니다. 전류가 일정하면 보시는 대로 발생 추진력도 일정합니다(그림 9.3 ③). 또한 이 힘의 크기는 계산 결과하고 잘 일치합니다. 솔직히 말해,

이 연구의 초기에 실시한 간단한 계산 방법으로는 계산 결과 쪽이 실험 결과와 비교하여 20~30% 커졌습니다만, 그 후 전자력으로 가속된 바닷물과 선체의 마찰 등을 고려한 정밀한 계산 수법을 확립함으로써 지금은 여러 가지 형태의 전자추진선의 추진력을 정도 있게 계산할 수 없게 되었습니다. 그럼 해수 전류를 0으로 되돌리겠습니다. 보시는 바와 같이(그림 9.3 ④) 추진력도 전류와 함께 0이 되었습니다.

이상으로 초전도 전자추진 모델선 SEMD-1에 의한 실험을 마치겠습니다. 이 모델선으로는 추진력도 10g 이하여서 작고, 도저히 장래의 실용성을 논의할 만한 데이터는 얻을 수 없습니다. 그러나 초전도 코일과 해수 전류만으로도 모델선이 달리는 것, 또한 그때의 추진력은 간단한 원리적 계산 결과와 대체로 일치한다는 것으로 전자추진선의 원리 확인이란 점에서는 크게 유용했습니다. 현재 초전도 전자추진선의 연구는 일본이 세계에서 크게 앞지르고 있으나, 그 첫발을 내디딘 것이 모델선 SEMD-1입니다. 이 모델선은 도쿄 하루미(晴海)의 "배 과학관"에 상시 전시되어 있습니다.

전자추진의 원리

앞 절에서 불쑥 모델선을 여기에 갖고 와서 거의 아무런 설명도 없이 시험 주행을 보여드렸기에, 전자추진선은 왜 달리는 것일까, 어떤 특징이 있을까, 어떠한 용도가 있을까 등, 여러 가지 의문이 있으리라 생각합니다. 그러므로 지금부터 잠시, 그러한 의문에 답하고자 합니다.

우선, 전자추진선은 어떠한 메커니즘으로 달리는 것일까요. 이것은 이미 여러 번 말씀드린 전자기학에서 말하는 플레밍의 왼손 법칙에 기본이 있습니다. 이것을 바꾸어 말하면 배에 탑재한 초전도 코일에서 해수 중에 자기장을 내며, 그 자기장과 해수 중에 흐르는 전류의 상호 작용으로 바닷물에 전자력이 작용하고 그 반작용으로서 선체가 추진력을 얻습니다. 개략적으로 말하면 배가 얻는 추진력은 해수 중의 자기장의 강도와 해수 전류 크기의 곱으로 정해집니다.

예를 들어 그림 10.1과 같은 덕트를 전자추진기로 하는 배를 생각할 때, 이상적인 추진력 F는 해수 전룻값 IA, 전류가 흐르는 길이(전극 간 거리) Lm 그리고 자기장 강도 B만G의 곱 $I \times L \times B \times 0.1$(㎏)로 부여됩니다.

여기서 문제가 되는 것이 해수 전류입니다. 일반적으로 전기 저항 R Ω 의 곳에 전류 IA를 흘리려면 I^2RW의 전력이 필요합니다. 따라서 초전도체처럼 전기 저항이 0인 경우에는 소비 전력이 0이 되어 전혀 문제가 없으나, 바닷물을 도전체로서 사용하자면 전기 저항이 매우 높다는 문제가 있습니다. 가령 단면 1㎟이고 길이 1m라는 선장의 해수 전

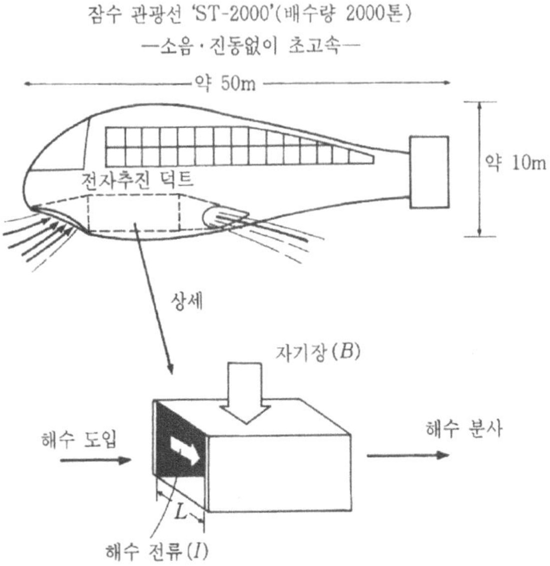

잠수 관광선 'ST-2000'(배수량 2000톤)
—소음·진동없이 초고속—

약 50m

약 10m

전자추진 덕트

상세

자기장(B)

해수 도입

해수 분사

L

해수 전류(I)

그림 10.1 | 전자추진선 계산 모델

기 저항은 약 200 kΩ이 됩니다. 이것은 구리선의 1,000만 배 크기이며 그만큼 바닷물에 전류를 흐르게 하려면 많은 전기를 필요로 한다는 것을 의미합니다.

이 점을 해결하는 하나의 방법은 해수 전류를 흘리는 통로를 크게 하는, 즉 구리선으로 말하면 그 굵기를 크게 하는 것입니다. 전기 저항은 도전체의 단면적에 반비례하므로 바닷물의 도전 단면적을 10㎡로 하면 조금 전의 단면적 1㎟의 구리선과 같은 전기 저항값이 됩니다. 이 모양을 계산한 결과의 한 예를 그림 10.2 ⒜로 나타냈습니다. 이 그림의 세로축은 전기 효율이라 불리는 것으로 전자추진기에 투입한 전력 중 배의 추진에 기여할 수 있는, 이른바 기계적인 동력으로의 변환 비율입니다. 또한 가로축은 해수 덕트의 단면적이며, 이 단면적이 커지면 그것에 비례하여 도전 단면적도 커지며, 이 계산의 보기로는 덕트 단면적이 10㎡이며 약 90%의 효율을 얻을 수 있습니다.

바닷물의 전기 저항 문제를 해결하는 두 번째 방법은 바닷물에 흘리는 전류를 될 수 있는 한 작게 하고 그 대신 자기장을 강하게 하는 것입니다. 실제로 앞에서 설명한 대로 전자추진력은 해수 전륫값과 자기장 강도의 곱으로 주어지므로 자기장을 충분하게 강화하면 과다한 전력손실을 수반하는 해수 통전을 적게 하고 전기 효율을 높일 수 있습니다. 아무래도 자기장은 초전도 코일로 발생시킨다는 것을 고려하면 이쪽의 전력 손실은 0이므로 얼마든지 강도를 높일 수 있습니다. 이것을 계산한 결과의 한 예가 그림 10.2 (b)입니다. 자기장의 강도를 20~30만G 정도로 하면 보시는 바와 같이 전기 효율은 90% 이상이 됩니다.

그렇지만 제2화에서 이야기했듯이 초전도 상태는 고자기장 하에서는 소실되는 곤란한 성질이 있어, 현재 실용으로 사용되고 있는 나이오븀 - 티타늄 합금의 초전도선으로는 10만G, 나이오븀-주석 등의 화합물 초전도선이라도 20만G가 한도이며, 그 이상의 고자기장은 현재의 초전도 기술로는 발생할 수 없습니다. 그러나 일반적으로 초전도 상태가 되는 온도, 즉 임계 온도를 절대온도 표시(단위는 K이며 그 값은 섭씨온도인 ℃에서 273.15를 더한다)로 하면 그 온도의 값과 그 초전도재에서 발

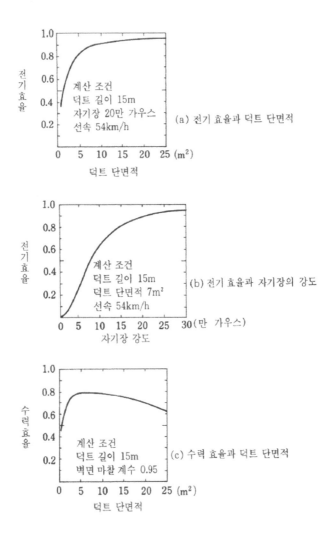

그림 10.2 | ST-2000의 전기 효율과 수력 효율

생할 수 있는 자기장의 강도, 즉 임계 자기장은 비례관계가 된다는 것이 예상되므로, 나이오븀 - 티타늄 합금의 임계 온도 9.5K에 대해 10배이상이나 높은 임계 온도(현재의 최고는 125K)를 갖는 세라믹계 고온 초전도체는 100만G 이상의 고자기장을 발생시킬 수 있는 것도 꿈이 아니며, 전자추진선의 고자기장 요구에 충분히 대응해나갈 수 있을 것 같습니다. 이것이 고온 초전도체 발견 이래, 전자추진선의 개발이 활발해진 커다란 이유입니다.

에너지 손실을 적게 하려면

전자추진선을 검토할 때, 또 한 가지 잊어서는 안 될 것은 전자추진 덕트에서 분사되는 물의 운동에너지입니다. 프로펠러선도, 최근 유행하는 제트추진선도 바닷물을 강렬하게 후방으로 밀어내면서 진행하고 있으나, 실은 그 바닷물의 운동에너지는 모두 손실입니다. 그러나 바닷물을 뒤로 밀어내지 않으면 배는 앞으로 나갈 수 없으므로 이 문제는 어쩔 수 없는 것입니다.

일반적으로 전자력이나 프로펠러 등으로 물에 부여된 에너지 중, 배의 추진력이 되는 에너지의 비율을 수력 효과라고 합니다. 잠시 여기서 전자추진선의 수력 효과를 살펴봅시다. 그러기 위해서는 우선 배의 추진력은 어떻게 얻어지는가를 알아봅시다. 이것은 프로펠러선이나 전자추진선이나 같습니다만, 그림 10.1에 나타낸 것 같은 덕트형의 추진기를 생각하면 배가 정지하고 있는 경우의 추진력은 덕트에서 매초 밀려

나오는 바닷물의 양(Mkg/s)과 속도(Vm/s)의 곱(MV×0.1kg)으로 부여됩니다. 이때 바닷물이 갖고 가는 운동에너지는 $0.5MV^2$ W가 됩니다. 여기에서 문제인 것은 추진력은 그대로 두고, 어떻게 하면 이 에너지 손실을 적게 하는가 하는 것입니다.

그래서 하나의 제안으로서 덕트의 단면적을 2배로 해봅시다. 그리고 매초 밀려나는 바닷물의 양을 2M으로 하여 바닷물의 속도를 V/2로 하면 추진력은 전의 계산과 동일하게 MV×0.1입니다. 그러나 바닷물이 갖고 가는 운동에너지는 $0.5(2M)(V^2/4)=0.25MV^2$으로 되어 덕트의 단면적을 2배로 하면 추진력은 같아도 바닷물이 갖고 가는 운동에너지는 약 절반으로 작아지고 그만큼 수력 효율은 높아집니다. 그것을 바꾸어 말하면 덕트를 크게 하여 바닷물을 천천히 밀어내는 것이 에너지 손실이 적다고 말할 수 있습니다.

한 예로서 그림 10.1에 나타낸 모델선으로 수력 효과를 계산하면 그림 10.2(c)가 되고, 가압부의 덕트 단면적을 크게 하면 수력 효율은 높아질 것이란 예상대로의 결과를 얻을 수 있습니다. 그러나 덕트를 크게 하면 바닷물과 덕트의 접촉 면적이 커지므로 그 마찰력을 고려하면 그림과 같이 수력 효율은 약간의 저하 경향을 나타냅니다. 이 수력 효율과 관련하여 현재의 프로펠러선에서도 추진 효율을 개선하는 하나의 방책으로 프로펠러의 지름을 될 수 있는 한 크게 하고 그것을 천천히 회전시키는 대책이 취해지고 있습니다.

실제로는 전자추진 덕트와 해수의 마찰이나 초전도 코일의 치수 제

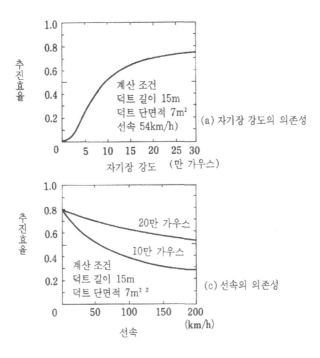

그림 10.3 | ST-2000의 추진 효율

한(제작 기술상) 등을 고려하여 가장 적합한 덕트의 형상을 결정합니다. 이 점에 흥미 있는 분은 더 전문적인 참고서로 공부하시기 바랍니다. 끝으로 추진 효율, 즉 배의 엔진에 공급하는 전기에너지 중에서 추진력이 되는 에너지의 비율인데, 이것은 앞의 전기 효율과 수력 효율의 곱으로서 계산됩니다. 계산 결과의 한 예를 그림 10.3에 나타냈습니다. 이 그림의 (a)는 자기장 강도와 추진 효율의 관계인데, 추진 효율을 현재의 프로펠러선과 같은 정도, 즉 50~60%로 하기 위해서는 10~15만 G의 자기장이 필요합니다.

전자추진선의 특징

다음 전자추진선의 특징을 생각해봅시다. 앞서 말했던 전자추진의 원리로서 바로 알 수 있는 것은 전자추진선에는 종래의 프로펠러선 같은 회전 기구라고나 할까요. 어쨌든 구동부가 전혀 없는 것이 최대의 특징입니다. 그러므로 추진기로 인한 진동이나 소음은 전혀 없습니다. 이러한 추진기가 완성되면 자연의 파도 소리와 진동에 전신을 맡길 수 있는 레저 보트나 여객선이 실현됩니다.

두 번째 특징은 앞에서의 SEMD-1에 의한 실험에서 보았듯이, 그 추진력 발생의 응답성이 높다는 것과 동시에 힘의 방향을 어느 방향으로든지 순간적으로 선택할 수 있다는 점입니다. 하여튼 자기장은 일정 값 대로라도 해수 전류를 조정하면 전진, 후진, 게처럼 옆으로 가기, 턴테이블 위에 있는 것 같은 회전 등 여러 가지 선체 운동이 가능하게 됩니다. 그러면서 이러한 힘은 순시에 발생할 수 있으므로 제어성이 매우 높아집니다. 전자추진 기술이 완성되면 수면을 종횡무진으로 미끄러지듯이 진행할 수 있는 레저 보트도 꿈이 아닙니다. 그쯤 되면 도미나 가자미도 깜짝 놀랄 것입니다.

세 번째의 특징은, 이것은 조선소에 대한 낭보인데 선체 구조 나선 내의 기기 배치에 상당한 자유성이 생기는 점입니다. 종래의 프로펠러선에서는 프로펠러에 회전력을 전하는 샤프트와 원동기가 일직선상에 일체로 배치해야만 했으므로, 이 추진기의 배치로 배의 기본 구조가 결정됩니다. 그에 비해 전자추진선에서는, 가령 앞에서 말한 덕트형이라면 덕트와 초전도 코일의 세트를 소정 개수, 선체 내 또는 선체 외면 혹은 선체에서 뻗은 팔선단 등에 부착하고 그것에 전기 배선을 하면 되므로 선체 형상을 고려하는 데 대단히 많은 자유도가 생깁니다. 이처럼 전자추진은 어떠한 모양의 '배'가 발상될 것인가, 또한 어떠한 용도에 사용될 것인가 바야흐로 꿈으로 가득 찬 기술입니다. 하여튼 전자추진선의 개념 설계에 관해서는 젊은 기술자들의 의견도 중요합니다.

전자추진 기술의 탄생과 발자취 (1958-1974)

앞 절의 이야기로 전자추진이란 어떤 것인가를 대체로 이해했으리라 생각되므로 여기에서는 그러한 전자추진 기술의 연구는 어떻게 발전해 왔는가, 그 역사적인 전개를 살펴보려 합니다. 저는 논어에 있는 '온고지신(溫故知新)'이란 말을 대단히 좋아했는데, 무엇인가 새로운 분야의 연구를 시작할 때는 그 기술의 발상점에서 현재에 이르는 흐름을 조사하고, 그 기술 발전의 필요성을 이해하는 것으로부터 시작합니다. 이러한 기초 조사를 하게 되면 만일 그 기술이 어떤 기술자의 기분대로의 억지스러운 기술이라면 커다란 기술의 흐름에 끼어들 수 없는 무엇인가 부자연스러운 것이 떠오릅니다. 그렇지 않고 세계 기술의 흐름의 큰길에 따르는 것이라면 이러한 조사로 그 기술이 나아갈 방향이 보입니다.

그런 뜻에서 이 절은 전자추진 발상의 1958년부터 1974년까지, 다음 절에서는 그 이후 현재에 이르기까지의 이야기를 하겠습니다. 1974년으로 구분한 것은 1958년부터 1990년 사이를 2등분했다고 생각해도 무방하나, '전자추진 기술'의 진보란 시각에서 보면 1974년 이후 '전자추진 연구는 초전도화의 한길'만을 걷고 있습니다.

전자펌프에서 전자추진으로

그러면 1958년으로 이야기를 되돌립시다. 당시의 미국은 아이젠하워 대통령의 유명한 원자력 평화 이용을 호소한 「아톰 포 피스」(Atoms for Peace) 연설 이래 5년이 경과한 시기로서 원자력 발전 개발이 활발하게 이루어지고 있었습니다. 그 일환으로 원자로에서 발생한 고열을 외부로 반출하기 위한 액체 금속(나트륨 등)의 유동 연구가 성황이었고, 거기에 불가결한 액체 금속용 펌프의 하나로서 전자 펌프가, 특히 전자 유체 연구자 간에서 연구 개발이 한창이었습니다. 전자 펌프란, 가령 패러데이형이면 액체 금속에 직류 자기장을 일으켜, 그것과 직각 방향으로 직류 전류를 흘리면 자기장과 전류의 양자가 직교하는 방향에 전

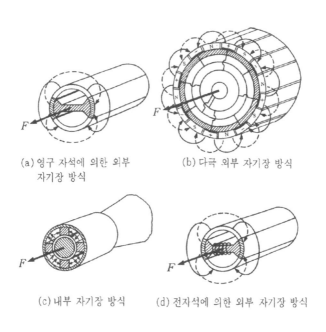

(a) 영구 자석에 의한 외부 자기장 방식

(b) 다극 외부 자기장 방식

(c) 내부 자기장 방식

(d) 전자석에 의한 외부 자기장 방식

그림 11.1 | 라이스가 제안한 전자추진 방식(➡: 해수 전류, ┄➤: 자력선)

자력이 작용하고, 그것에 의해 액체 금속이 구동력을 받는 기구로 바로 플레밍의 왼손 법칙 그 자체입니다.

이러한 연구를 하고 있던 것은 웨스팅하우스사의 웨이(Stewart Way) 등으로, 그들은 이 전자 펌프의 펌프 구동력의 반작용으로 펌프 마그넷에 작용하는 전자력을 사용할 수 없을까 하고 생각했습니다. 말하자면 배에 전자 펌프를 탑재하고 이것으로 바닷물을 펌핑하면 전자 펌프는 반작용을 받으므로, 이 반작용으로 배를 추진시키려는 생각입니다. 웨이는 이러한 생각에 기초하여 실용적인 추진력을 얻는 데 필요한 자기장 발생 장치를 설계하고, 당시로서는 최적해라고 여겨지는 영구 자석을 사용한 경우에 대하여 그 무게를 시산했는데 그것이 너무나 무거워지므로 포기하고 말았습니다.

그러나 이러한 계산 결과에는 상관치 않고 특허를 신청한 것이 미국의 라이스(Wallen A. Rice)이며 1958년 6월에 '추진 시스템'이란 특허를 출원하여 1961년 9월에 특허권을 얻었습니다. 라이스는 그림 11.1에 나타낸 것 같은 여러 가지 추진기 형식을 예시하여 바닷물 대신에 플라스마를 흐르게 하여 우주용 추진기로서의 적용도 제안하고 있습니다. 이 우주용 추진기는 이미 MPD 추진기로서 실용에 가까운 단계에까지 연구 개발이 진행되고 있습니다. 이처럼 전자추진 기술은 원자력 연구 개발을 모체로 하여 그 기술의 하나의 파급 효과로서 탄생하게 되었습니다.

분명해진 전자추진의 문제점

"전자추진기를 사용하면 프로펠러가 필요 없게 되므로 프로펠러에 수반하는 진동이나 소음이 없어진다"라고 여겨 전자추진에 강한 흥미를 나타낸 것이 미국선박국의 전기 기술자 프리오프(James Byron Friauf, 1896~1972)이며 1961년의 일이었습니다. 그는 그림 11.2에 나타낸 것처럼 덕트에 동일한 해수 전류를 흐르게 하는 경우에 대해 추진 효율의 계산을 했습니다만 바닷물의 전기 저항이 높은 것이 원인으로 추진 효율은 10%에도 도저히 미치지 못한다는 결과를 얻었습니다. 그는 이 해결책으로서 바닷물에 고도전성의 시드제의 주입도 제안하고 있으나 장시간 항해를 고려하면 도저히 현실적이라고 생각되지 않습니다. 결국

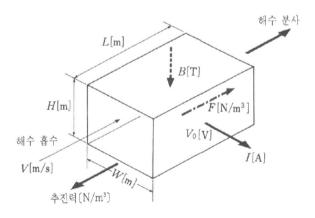

그림 11.2 | 프리오프의 계산 모델

그는 "넓은 영역에 강자기장을 발생시킨다는, 현상으로는 전혀 예견할 수 없는 꿈같은 기술 비약이 없으면, 전자추진은 실용 기술로는 성립될 수 없다"라는 결론에 도달했습니다. 이렇게 그가 말한 예견할 수 없는 기술 비약이란, 실은 현재로서는 초전도 기술이 아닐까요.

다음 해인 1962년에는 록히드사의 연구 위탁을 받은 필립스(O. M. Philips)는 교류 자기장을 바닷물에 작용시켜, 그때 발생하는 유도 전류로 추진력을 얻는다는 새로운 전자추진 방식의 추진 효율을 계산했습니다. 이 방법이라면 바닷물에 직접 전류를 흐르게 할 필요가 없으므로 바닷물의 전기 분해 같은 문제가 없다는 이점이 있습니다. 그러나 이 방식에도 바닷물의 전기 도전율이 낮다는 점은 직류 자기장 방식과 공통이며, 그러므로 프리오프와 마찬가지로 추진 효율은 10%에 미치지 못하는 결과가 되었습니다.

이때 나타난 것이 MIT의 조선학 전공생 도라그(L. R. A. Doragh)입니다. 그는 고속선의 연구를 하고 있었으며 프로펠러 추진의 한계를 강하게 느끼고 있었습니다. 그러므로 그는 항공기용 추진기가 고속화에 있어 어떻게 기술 전개를 해왔는가를 조사했습니다. 그 결과 그가 알게 된 것은 "항공기는 1930년 라이트 형제에 의한 첫 비행 성공 이래 프로펠러 추진이 사용되었으나, 항공기의 고속화에 따라 특히 음속에 가깝게 되니 프로펠러의 이상 진동 등이 큰 문제가 되어 결국 1940년대에 프로펠러 같은 회전기를 사용하지 않는 추진 방식인 제트 엔진이 개발되어 현재의 제트 엔진 시대에 이르렀다"라는 것이었습니다. 그러므로 그는 배의 제트 엔진화 모색을 시작했습니다. 그 결과 다다른 것이 내부 자기장형 전자추진입니다. 여기서 전자추진은 원자력 기술의 일단인 전자 펌프의 선박으로써 파급 효과라는 이단자적 경우를 탈피하여 배의 고속화라는 본궤도에 오르게 됩니다.

그러나 그는 전자추진의 추진 효율은 10%에도 이르지 못한다는 지금까지의 연구 결과를 압니다. 그 원인은 바닷물의 도전율이 낮다는 것과 사용할 수 있는 자기장이 낮다는 것에 의하나, 전자는 바닷물의 물성이니 어쩔 수 없겠으나, 후자는 어떤 방법으로 돌파가 가능하지 않을까 하고 생각했습니다. 그래서 착안한 것이 당시 그가 속해 있던 MIT가 세계를 리드하고 있던 초전도에 의한 강자기장 발생이었습니다. 당시는 겨우 고자기장에 견딜 수 있는 초전도선이 시판되기 시작한 때이고, 1961년에는 MIT에서 세계 최초로 수만G의 초전도 자석이 시작되었을 뿐이었습니다. 지금으로 보면 아직 매우 불충분한 성능이었으나, 어쨌든 전자추진의 실용화, 나아가서는 고속선의 출현을 위해서는 이것을 사용할 수밖에 없다고 도라그는 확신했습니다. 이것으로 전자추진 기술은 선박의 고속화라는 필연적인 기술의 흐름에 동반함과 함께 21세기를 주도하는 선단 기술 '초전도 기술'을 받아들이게 되었습니다.

이렇게 전자추진이 기술의 주류로서 한자리를 차지하는 것을 보고 다시 등장하는 것이 웨스팅하우스사의 웨이입니다. 그는 전자추진의 탄생에 입회한 연구자의 한 사람이있지만 자기 발생 장치가 지나치게 무겁다는 이유로 포기하고 있었던 때 젊은 도라그의 초전도 자석 응용

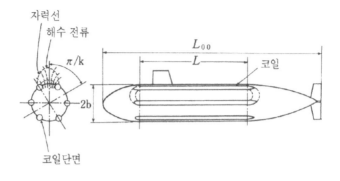

그림 11.3 | 웨이가 제안한 외부 자기장형 전자추진 잠수 탱커

에 촉발되어 전자추진 연구를 재개했습니다. 그 첫걸음으로 그림 11.3에 나타난 것과 같은 초전도 자석을 사용한 외부 자기장형 전자추진 잠수선의 기본 검토를 하고 약 90%라는 높은 추진 효율을 얻었습니다. 이것은 1964년의 일입니다.

이것으로 자신을 얻은 웨이는 다음 1965년에는 세계 최초의 전자추진 모델선 EMS-1(그림 11.4)을 시작하고 캘리포니아 해안에서 주항 실험을 실시했습니다. 그런데 이 모델선에는 초전도 코일이 아니고 구리 코일 자석을 탑재했으므로 자기장은 150G로 낮아, 따라서 소정의 추진력을 얻으려면 상당량의 해수 전류를 흐르게 해야만 했고, 그 때문에 선체의 주변에는 수소가스나 염소와 같은 해수 전기 분해 생성물이 상당량 발생했을 것으로 생각됩니다. 그 때문인지 그 후 바닷물에 직접 전류를 흐르게 하는 전자추진기 연구는 갑자기 활기를 잃게 되었습니다.

그림 11.4 | 웨이가 개발한 세계 최초의 전자추진 모델선 'EMS-1'

바닷물 대신에 액체 금속을 쓰는 방법

도라그나 웨이와 동 시기에 전자추진의 추진에너지 효율 향상에 몰두하고 있었던 것은 코넬대학의 레슬러(E. L. Resler. Jr)입니다. 도라그는 효율 향상을 위해 초전도 코일을 채용했으나 레슬러는 바닷물 대신에 수은 등의 액체 금속을 사용했습니다. 즉 액체 금속에 전류를 흘려, 그 액체 금속에 발생한 전자력을 연동막(부동막)을 통해 바닷물에 전달하여 추진력을 얻는 방법입니다(그림 11.5). 흔히 전자추진선의 추진 효율은 (작동 유체의 도전율)×(자기장 강도의 그 제곱)으로 정해지므로, 작동 유체로 바닷물 대신에 액체 금속을 사용하면 액체 금속의 도전율은 바닷물보다 100만 배나 높으므로 자기장 강도는 1,000분의 1, 즉 200G 정도로 좋을 것입니다.

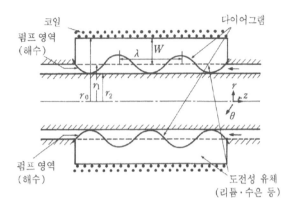

그림 11.5 | 레슬러 등이 제안한 연동 방식

　그러나 이러한 기본적인 생각으로 2,000톤 잠수선에 대해 추진 효율을 계산한 결과, 추진 효율은 40%가 한계라는 것이 판명되었습니다. 이것은 입력 전력의 약 절반은 액체 금속 자신의 운동에 쓰인다는 것을 의미하고 있습니다. 연동 방식은 이처럼 추진 효율이 낮다는 난점 외에 연동막의 내구성에도 문제가 있어, 이 이후에는 별로 다루어지지 않았습니다.

　1970년대에 들어 전자추진 연구는 일본에서도 시작되어 처음으로 다루어진 것이 레슬러와 같은 발상에 의한 수은 왕복동 방식입니다. 이것을 실시한 것은 공업기술원 전자 기술 종합연구소의 니시야마 등인데 그들은 레슬러 등의 연동 운동 대신에 수은을 왕복 운동시켜 그 운동을 직접 바닷물에 전달하여 추진력을 얻는 방법을 채용했습니다(그

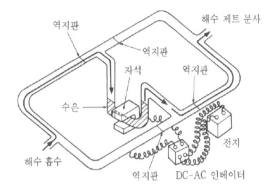

그림 11.6 | 니시야마 등이 제안한 수은주 왕복동 방식

림 11.6). 그러나 니시야마 등의 방식도 입력 전력의 태반은 수은 자신의
운동에 소비되어 추진 효율은 20% 정도밖에 얻을 수 없다는 것이 판명
되었습니다.

이 절의 마지막에 등장하는 것은 MIT의 맥거번입니다. 그들은 그림
11.7과 같은 추진기를 제안했습니다. 이 방식은 전자추진이라기보다
차라리 자기추진이라 하는 것이 타당하지만 그림 11.7에 나타냈듯이
덕트의 상류부에서 자성 분체를 주입하고 그것이 덕트 하류에 있는 자
석으로 흡수 가속되면 그 자성 분체의 운동이 마찰력으로 바닷물에 전
달되어 추진력으로 되는 방식입니다. 이 방식은 해수 통전을 없애는 것
으로 추진 효율의 향상을 기하자는 것인데 맥거번의 해석 결과로는 이
방식으로 대추진력을 얻는 것은 매우 곤란합니다.

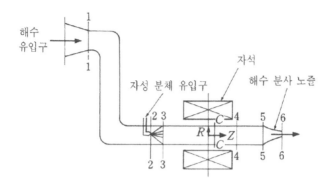

그림 11.7 | 맥거번 등이 제안한 자성 분체 방식

    이처럼 1958년부터 1970년대 전반의 미국에서는 전자추진 기술의 향상을 목표로 여러 가지 전자추진 방식이 논의되었습니다. 이 중에서 살아남는 것은 지금부터의 선단 기술을 적절하게 받아들인 초전도 전자추진 기술일 것이란 것은 충분히 예상되는 바입니다.

초전도 전자추진 연구의 발전 (1974-1990)

앞 절의 계속으로 1974년부터 이야기를 시작하겠습니다. 앞에서 이야기한 1958~1974년의 16년간은 말하자면 초전도 전자추진의 전주곡 기간이며, 지금부터는 드디어 초전도 전자추진이 전자추진 기술을 실용화하기 위한 실제적인 과정을 말씀드리겠습니다.

그 첫 번째로 등장하는 것이 고베 상선대학의 사지 그룹입니다. 사지 그룹은 LNG(-161℃)나 액체 헬륨(-269℃) 같은 저온 액체를 다루는 저온 기술과 초전도 기술을 전문으로 하며, 1970년대에 들어 강자기장을 발생하는 초전도 자석의 실용화 시기를 맞이하여 그 응용 분야로서 전자추진을 선정했습니다. 최초로 시작한 것은 제9화에서 이 장소에 갖고와 수조에서 주항 실험을 한 초전도 전자추진 모델선 'SEMD-1'의 시작입니다. 이 시작을 하게 된 것은 전자추진의 이론은 이해해도 정말로 프로펠러 없이 배가 주항할 수 있는지 어떤지를 눈으로 확인하려는 것이 첫째의 동기이며, 요는 '백문이 불여일견'임을 보이려는 셈입니다. 이 모델선은 전장이 약 1m이며, 그 선저의 용골부에 전장 25㎝의 초전도 자석을 부착하여, 거의 계산대로의 추진력을 얻을 수 있다는 것을 확인했습니다.

이 실험은 실제로는 대단한 고생을 했습니다. 무엇보다도 이렇게 작은 초전도 자석으로는 추진력을 고작 10g 정도밖에 얻을 수 없습니다. 그런데 1m나 되는 선체를 물에 띄우면 대단치 않은 풍파나 지면의 진동으로 전해지는 파도로도 10g 이상의 힘이 모델선에 작용하므로, 최종적인 데이터를 얻기 위해 심야 가장 중요한 시간대를 골라, 실험실의 창문을 완전히 폐쇄하고 실험실을 걸을 때도 발소리를 죽이고 말도 입에다 손을 대고 겨우 들릴 정도로 하는 상태에서 실험을 했습니다.

당초는 반신반의했던 SEMD-1이 예상 이외의 성공을 거두어 사지 그룹은 매우 고무되었습니다. 사지 교수 자신이 미국의 국제회의에 발표하고 그것을 들은 해외의 연구자들이 일부러 고베까지의 먼 길을 SEMD-1의 주항 상황을 견학차 오는 등 하여 일시는 상당한 활기를 띠었습니다.

다음 단계는 드디어 초전도 전자추진선을 실용화하는 데 관 건이 되는 핵심 기술을 판명하고 어떠한 조건을 갖추어야 전자추진선을 현실화할 수 있는가, 그와 반대로 실용상으로 보아 전혀 현실성이 없는 환상의 기술인가를 밝히는 일입니다. 그러기 위해서는 어느 정도의 정확성으로 전자추진선의 추진 특성을 해석할 수 있는 계산 수법이 필요하며, 그 계산 수법의 신뢰성을 점검하기 위한 실험 데이터도 필요합니다.

세계 최초의 본격적 모델선 'ST-500' 등장

이러한 요구하에 개발한 것이 본격적인 초전도 전자추진 모델선으로서는 세계 최초인 'ST-500'(그림 12.1)입니다. 이 모델선의 전체 구조를 그림 12.2에 나타냈습니다. 이 모델선은 전장 3.6m, 중량 700㎏이며 실험 수조에서 주항한 상태에서 추진 특성의 실험 데이터를 얻을 수 있습니다. 이 모델선으로 최대 1.5㎏의 추진력을 얻을 수 있으므로 전

그림 12.1 | 세계 최초의 초전도 전자추진 모델선 'ST-500'

의 SEMD-1 같은 풍파의 영향 등은 거의 걱정할 필요가 없었습니다. 그러나 그와는 반대로 선체에 탑재한 초전도 자석의 자기장이 강하므로 이 자기장과 수조의 콘크리트 철근이 서로 힘을 미치는 문제가 발생했습니다. 하여튼 무엇이나 좀 새로운 실험을 하려면 여러 가지로 예기치 않던 곤란한 일에 부딪히는 것은 항상 있는 일입니다.

하여튼 여러 가지로 고안하여 고베 상선대학의 전장 60m의 실험수조에서의 주항 실험에 성공하고, 그 결과 가령 ST-500에서는 계산상의 전자기력의 약 60%밖에 유효한 추진력을 얻을 수 없다는 등, 실선(實船)을 생각하는 데 있어 간과할 수 없는 여러 가지 사실이 판명되었습니다. 이 실험과 병행하여 전자추진선의 추진 특성을 해석하는 프로그

램도 개발하고, 그 결과 전자기력과 유효 추진력의 큰 차이는 전자기력으로 가속된 바닷물과 선체 표면의 마찰에 원인한다는 것이 판명되었습니다. 또한 동시에 이러한 손실항을 고려하면 앞에서 소개한 미국 웨스팅하우스의 추진 효율 90%라고 하는 등의 값은 매우 실현하기 어려운 것이며, 15~20만G 정도의 강자기장을 적용해도 현실적인 추진 효율은 프로펠러선과 같은 정도(~60%)라는 것도 판명되었습니다. 이렇게 하여 고베 상선대학 사지 그룹 제1기의 연구, 즉 초전도 직류 자기장 방식의 모델선 개발을 중심으로 한 연구는 끝났습니다.

이 실험 연구와 때를 같이하여 미국에서는 초전도 전자추진선의 본

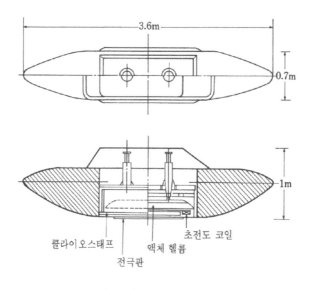

그림 12.2 | ST-500의 구조

격적인 탁상 검토가 이루어졌습니다. 이것을 담당한 것은 미국 웨스팅하우스사 연구 개발 센터의 허머트(G. T. Hummert)입니다. 그는 초전도 자석의 현실적인 성격으로 자기장 강도 5만G를 설정하고, 초전도 자석의 제작 조건으로서 지름 10m를 상한값으로 설정하여 추진 특성을 시산했습니다. 그 결과 그는 전장 4~5m의 잠수정이면 성능적으로는 프로펠러 추진에 충분히 대항할 수 있고, 기술적으로 현상 기술로 대응할 수 있다는 결론에 이르렀습니다.

이 결론에 의심을 갖게 된 것은 미국 워싱턴에 있는 해군연구소(NRL)를 대표하는 초전도 연구자 거브서(D. U. Gubser)입니다. 그는 배의 속도에 주목했습니다. 종래의 해석 결과를 보아도 배의 속도가 빠르면 추진 효율의 저하가 따릅니다. 그러므로 그는 선속과 선장을 파라미터로 하여 추진 효율을 계산하고 저속력이면 배의 길이를 어느 정도 이상 길게 하면 5만G 정도의 자기장으로도 프로펠러 추진과 동등한 추진 효율을 얻을 수 있다는 것을 밝혀냈습니다. 그는 전자추진선의 뛰어난 특징으로 보아 여기에 사용할 수 있는 대형 초전도 자석의 개발은 충분한 가치가 있다고 하여 조기 개발을 호소하고 있습니다. 이것은 1985년의 일입니다.

무대는 다시 일본으로 돌아옵니다. 1970년대를 통해 직류 자기장 방식의 연구 개발에 주력하고 있던 고베 상선대학의 사지 그룹은 1980년대에 들어 이번에는 교류 자기장 방식 전자추진선의 기초 연구에 착수했습니다. 현상으로는 아직 교류 자기장 발생용의 초전도 자석은 개발 도상이므로 이 연구에서는 직류의 초전도 자석을 영구 전류 모드로 하여 여자 리드를 제거하고, 그것을 회전시켜 교류 자기장을 발생시켰습니다. 이 교류 자기장을 바닷물에 작용시키는 것만으로 직류 전류의 공급 없이 바닷물을 움직이는 실험을 하여 보기 좋게 바닷물을 흐르게 하는 데 성공했습니다. 이 연구에서도 실험과 병행하여 교류 자기장 전자추진 방식의 간단한 해석 계산을 하여 양자는 대체로 일치한다는 것이 판명되었습니다. 이 해석 방법으로 실선용 추진기를 계산하니 직류 자기장 방식과 같이 15~20만G의 자기장이 필요하다는 것도 알게 되었습니다. 이것은 교류 자기장 방식으로도 해수 중에 유도 전류를 흐르게 하므로 바닷물의 전기 저항의 높이는 직류 자기장 방식의 경우와 동일하게 작용하고 있는 결과입니다.

'야마토-1' 등장

이러한 많은 기초 연구를 토대로 하여 드디어 실해역에서 항행하는 초전도 전자추진 실험선 '야마토-1'이 등장합니다. '야마토-1'은 전장 30m, 배수량 185t, 시속 15㎞로서 10명이 승선할 수 있는 본격적인 실험선입니다. 1985년에 쉽앤드오션재단에서 "초전도 전자추진선 개발연구위원회"가 설치되어 세계 최초의 초전도 전자추진 실증 실험선 계획이 시작되었습니다. 그 후 1986년의 고온 초전도 물질의 발견으로 본 계획에 대한 기대가 한층 더 높아져 선박 초전도 자석이나 극저온 냉동기의 연구 개발을 걸쳐 1989년부터 개시된 실험선의 건조도 1990년도 말에 완료하고, 1991년도에는 고베항에서 해상 항행 실험이 시작

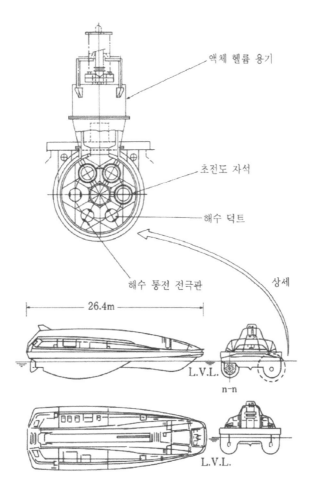

액체 헬륨 용기

초전도 자석

해수 덕트

해수 통전 전극판

상세

26.4m

L.V.L.

n-n

L.V.L.

그림 12.3 | 실험선 '야마토-1'의 개요

M. Hashii, C. Matsuyama, S. Takezawa, et. al.:
"Research on Superconducting Electro-Magnetic
Propulsion Ship", International Symposium on
Marine Engineering, Kobe, (1990).

될 예정이었습니다.

'야마토-1'의 전체 구조는 그림 12.3에 나타냈습니다. 이 그림에서 선미부의 좌우에 배치되어 있는 것이 전자추진기이며 양쪽에서 800kg 의 추진력이 나옵니다. 이 추진기에서는 특히 외부에 자기장이 누출되 는 것을 방지하기 위해 덕트형의 추진기를 각각 6개 원주상으로 배치 하고 있습니다. 덕트의 둘레에는 초전도 자석이 있으며 덕트 중심에서 약 4만G의 자기장이 발생합니다. 이 초전도 자석은 나이오븀-티타늄 제이므로 실험선에는 −269℃의 극저온 냉동기도 탑재되어 있습니다. 그러나 자석의 운전은 영구 전류 모드이므로 초전도 자석용의 전원은 선내에는 탑재되어 있지 않습니다. 덕트 내부에는 해수 통전용 전극판 이 있는데, 여기서 전력을 공급하기 위해 2MW(메가와트)의 교류 발전기를 탑재하여 이것을 고속 디젤 엔진으로 구동합니다.

미국에서도 1990년도부터 아곤국립연구소(ANL)를 중심으로 하여 초전도 자석을 사용한 전자추진기의 실험 연구가 시작되어 맹렬하게 일본을 뒤쫓고 있습니다.

이상으로 이 절의 이야기는 마치겠으나 앞 절의 이야기와 종합하면 1960년대는 미국을 중심으로 여러 가지의 전자추진 방식이 검토된 시 대, 1970년대는 일본도 가담하여 주로 초전도 전자추진의 기초를 굳힌 시대, 1980년대 이후는 일본이 세계를 리드하여 해상 항행을 할 수 있 는 실험선 건조 시대라고 말할 수 있으며, 앞으로 실선의 개발을 향한 각국의 전개가 크게 기대되고 있습니다.

전자추진기의 여러 가지 방식

제11, 12화에서 말씀드린 대로 전자추진기에는 여러 가지 형식의 것이 있습니다. 여기에서는 이러한 것을 정리해보고자 합니다. 그림 13.1은 전자추진 방식을 종합 요약한 것으로, 이것에 따라 설명하겠습니다.

교류 자기장 방식과 직류 자기장 방식

전자추진기는 우선 사용하는 자기장의 종류에 따라 교류 자기장 방식과 직류 자기장 방식으로 크게 나누어집니다. 우선 교류 자기장 방식은 교류 자기장과 그것에 의한 유도 전류로 추진력을 얻는 방식으로 제7화에서 설명한 이동자기장에 의해 발생하는 전자력을 추진력으로 합니다. 이른바 리니어 인덕션 모터(83쪽)입니다. 이 방식은 교류 자기장을 발생시키는 것만으로 추진력을 얻으며, 바닷물 등에 직접 전류를 흐르게 할 필요가 없다는 뛰어난 특징을 갖고 있습니다. 그러나 현재로서는 교류 자기장을 발생시키는 데 초전도 자석은 사용하기 어려운 문제가 있으므로 별로 이 방식은 주목받지 못하고 있습니다. 그러나 상온 초전도 기술이 진전하게 되면 초전도 교류 자석의 실용화도 충분한 가능성이 있으며 교류 전자추진 시대가 도래할지도 모릅니다.

이 방식은 1962년에 미국 필립스가 제안한 방식인데, 그 이후 추진 효율이 높아지지 않는다는 이유로 별로 검토되지 않았습니다. 그러나 최근에 이르러 초전도 자석에 의한 교류 자기장 발생 기술이 급진전하

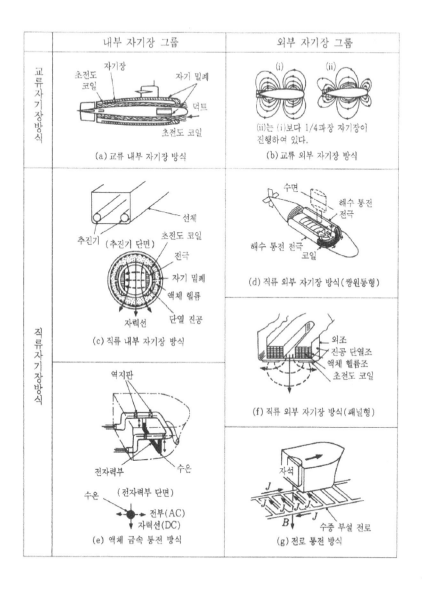

내부 자기장 그룹	외부 자기장 그룹
교류자기장방식 (a) 교류 내부 자기장 방식	(ii)는 (i)보다 1/4파장 자기장이 진행하여 있다. (b) 교류 외부 자기장 방식
직류자기장방식 (c) 직류 내부 자기장 방식 (e) 액체 금속 통전 방식	(d) 직류 외부 자기장 방식(쌍원통형) (f) 직류 외부 자기장 방식(패널형) (g) 전로 통전 방식

그림 13.1 | 전자추진 방식의 분류

여, 그 영향으로 고베 상선대학에서는 초전도 자석에 의한 교류 자기장 방식의 기초 실험이나 실선의 개략 검토가 이루어지는 등, 교류 방식도 겨우 움직이기 시작했습니다.

그것에 반해 직류 자기장 방식은 문자 그대로 직류 자기장과 직류 전류를 작용시켜 플레밍의 왼손 법칙에 따라 추진력을 발생시키는 방법입니다. 이 방식에서는 직류 자기장과 직류 전류를 별개로 작용시킬 필요는 있으나 직류 자기장 쪽은 초전도 자석의 영구 전류 모드를 사용하면 전원은 불필요합니다. 그러나 직류 전류를 바닷물에 흐르게 할 경우는 바닷물의 전기 분해라는 귀찮은 문제가 발생합니다. 이 방식은 1950년대에 미국의 라이스나 웨이가 전자추진을 착상했을 때 생각한 방식이며 그 후의 전자추진 모델선은 모두 직류 자기장 방식입니다.

내부 자기장 방식과 외부 자기장 방식

다음은 전자기장 발생 영역에 의한 분류인데 그림 13.1에 나타냈듯이 내부 자기장 그룹과 외부 자기장 그룹으로 대별됩니다. 내부 자기장 그룹은 선체 내의 덕트에 바닷물을 유도하여 그것에 전자기장을 작용시켜 로렌츠 힘으로 바닷물을 제트 분사시켜 추진력을 얻는 방식입니다. 이 방식으로는 적당한 자기밀폐에 의해 선체 밖으로 자기장이 흘러 나가는 것을 방지할 수 있으므로 항만 내 등에서도 사용할 수 있는 실용적인 방식이라 할 수 있습니다. 그러나 바닷물은 제트 분사시키므로 추진에너지의 효과는 별로 좋지 않습니다. 이 방식은 1961년에 프리오프가 다룬 방식이며, 1962년에는 도라그가 초전도 자석과 초전도 자기밀폐를 사용하여 매우 상세하게 전자추진기의 구조(그림 13.1)를 검토하고 있습니다. 이 방식은 현재로는 가장 실용적인 전자추진기 형식이며, 현재 쉽앤드오션재단에서 개발중인 실험선 '야마토-1'도 이 내부 자기장 방식입니다.

그것에 대해 외부 자기장 그룹에는 선체의 넓은 영역에 전자기장을 발생시킴으로써 원리적으로 높은 추진 효과가 기대됩니다. 이것은 최신 재래선에서 자주 실행되고 있는 프로펠러의 대구경화와 같은 것으로, 될 수 있는 한 다량의 물을 천천히 밀어내며 추진 효율의 향상을 기하고자 하는 것으로, 이렇게 하면 바닷물에 의해 소모되는 운동에너지가 적어져 추진 효율은 향상됩니다(이렇게 말할 수 있는 것은 추진력은 바닷물의 속도 증가분의 1제곱에 비례하고, 바닷물이 소모하는 운동에너지는 그 제곱에 비례하기 때문입니다). 그러나 외부 자기장 방식은 선체 외에 전자기장이 나와 있기 때문에 주위와 전자 간섭을 일으킬 염려가 없는, 예를 들어 북극 대빙해 같은 해역이 아니면 사용할 수 없습니다. 이 방식은 구조가 간단하고 제작하기 쉬우며 또한 전자기장에 의한 바닷물의 유동 거동의 관찰도 할 수 있으므로 미국의 웨이 모델선 EMS-1이나 고베 상선대학의 모델선 SEMD-1과 ST-500은 모두 이 외부 자기장 그룹에 속합니다.

바닷물에 전류를 흐르게 하는가, 액체 금속을 사용하는가

다음은 전류가 통하는 매체에 의한 분류입니다. 가장 정설적인 것은 바닷물에 직접 전류를 흐르게 하는 방식입니다. 이 방식으로는 선체 둘레 또는 덕트 내외 바닷물을 통전 매체로 하므로 교류 자기장 방식으로는 바닷물에 자기장이 발생하는 것만으로, 또한 직류 자기장 방식에서는 전극판을 해수 중에 설치하며 직류 전류를 발생하게 하는 것만으로 되므로 매우 간단한 구성이 됩니다. 그러나 최대의 결점은 바닷물의 전기 저항이 높아, 즉 금속의 100만 배나 전기가 흐르기 어려운 점입니다. 그러므로 소정 추진력을 얻는 데 필요한 해수 전류를 흐르게 하려면 대단한 전력을 소비합니다. 이 전력의 대부분은 바닷물의 온도 상승에 소비되므로 추진에너지 효율은 낮추고 또한 장래적으로는 지구 온난화의 원인이 될 수도 있습니다.

이러한 곤란을 극복하는 하나의 방법은 고자기장을 사용하는 것입니다. 전자추진의 추진력은 자기장 강도와 해수 전류의 곱으로 결정되므로 해수 전류를 낮게 억제하고 자기장 강도로 추진력을 얻으려는 셈입니다. 그렇게 하면 바닷물의 전기 저항에 따르는 전력 손실이 적어지므로 추진 효율은 향상되고 해양 온난화란 문제도 없어집니다.

이러한 사고 방법으로 추진 효율을 종래의 프로펠러와 같은 정도로 하려면 15~20만G 정도의 자기장 강도가 필요합니다. 그것도 실선 규모를 고려하면 이러한 강자기장은 몇 10㎥라는 넓은 공간에서 발생시킬 필요가 있습니다. 현재 핵융합로 개발의 일환으로 이루어지고 있는 강자기장 대형 초전도 자석에 관한 연구에서도 8만G로 몇 ㎥라는 것이 최대인데, 아무리 진전이 현저한 초전도 기술이라 할지라도 전자추진선으로서는 아직도 불충분하다고 말하지 않을 수 없습니다. 이러한 초전도 자석의 대형 강자기장화에 관해서도 지금의 고온 초전도체에 대한 기대가 크다는 것은 말할 나위도 없습니다.

바닷물에 전기를 통하는 데 따르는 이러한 기본적인 난점을 극복하는 또 하나의 방법으로서 제안되고 있는 것은 수은 등의 액체 금속에 통전하는 방법입니다. 액체 금속의 전기 저항은 바닷물의 약 100만분의 1이므로 단순 계산으로 자석의 강도는 $200000G \div \sqrt{1000000} = 200G$로 낮아집니다. 이것에 다소 여유를 주어도 1kG(킬로가우스) 정도면 좋고, 이 정도라면 백판에 붙어 있는 자석과 큰 차가 없으므로 자기장 발생은 매우 간단해집니다. 그러나 이 경우의 문제는 이 방식으로는 전자추진력이 수은에 작용하므로 이 추진력을 여하히 하여 바닷물에 전달하는가 하는 것입니다.

가장 간단한 방법으로는 수은을 바닷물에 흘려 내려보내는 것인데 이러한 방법은 해양 오염 등을 고려하면 너무나 어처구니없는 것입니다. 좀 더 의논할 가치가 있는 방법으로서 제안되어 있는 것은 제11화에서 말씀드린 미국의 레슬러에 의한 연동법과 일본의 니시야마 등에 의한 수은 왕복동법입니다. 연동법은 그림 11.5에 나타냈듯이 수은에 발생하는 연동, 즉 장을 비틀면서 하는 이동 운동으로 바닷물을 밀어내는 방법이고, 수은 왕복동법은 그림 13.1(e)에서 보시는 바와 같이 수은의 왕복동과 역지판(逆止瓣)을 조합하여 바닷물을 흡수하고 분사하는 방법입니다. 양쪽 모두 추진 효율의 해석이 이루어져 당초 예상했던 대로 자기장 강도는 kG의 상태로서, 좋다는 결과를 얻었으나 유감스럽게도 추진 효율은 별로 좋지 않습니다. 그 원인은 전자추진기에 입력한 에너지의 대부분이 수은의 운동에 소비되어 유효한 선체 운동에 소비되는 몫이 적어지기 때문입니다. 이것이야말로 배보다 배꼽이 더 크다는 결과입니다.

바닷속에 레일을 깐다

이러한 난점을 극복하는 방법으로서 제안된 것이 전로 통전(電路通電) 방식입니다. 이 방법은 수은 같은 중개자를 필요로 하지 않고 게다가 바닷물처럼 고전기 저항체에도 의존하지 않는다는 방식입니다. 이 방식은 1978년에 고베 상선대학의 사지 그룹에서 제안된 것으로 그림 13.1(g)에서 보시는 것처럼, 수중에 배의 항로에 따라 전로(電路)를 시설합니다. 이 전로의 구리제 침목에 전류를 흐르게 하며, 이 침목 전류와 선체 자기장의 상호 작용으로 추진력을 발생시킵니다. 이렇게 하면 입력 전력의 거의 전부가 추진력이 되어 추진에너지의 효율은 매우 높아집니다.

그 외에 이 방법은 또 하나의 큰 특징이 있습니다. 그것은 그림에 나타낸 레일 모양의 전류에 있습니다. 이 레일 전류와 선체 자기장 간에 플레밍의 왼손 법칙을 적용하면, 여러분도 왼손을 사용하여 확인해보시면 바로 알 수 있지만 이 레일 전류는 선체를 레일 사이에 유지하는 역할을 합니다. 즉 선체가 왼쪽의 레일을 일탈하려 하면 오른쪽으로, 반대로 오른쪽 레일을 일탈하려 하면 왼쪽으로 전자력이 작용하여 선체는 이 레일 사이를 진행합니다. 다시 말해 선체는 이 레일에 따라 안

내되는 셈입니다.

　이러한 전로를 가령 고베항에 시설하여 종래의 프로펠러선(피유도선)의 전후에 항만 전용의 전자추진 유도선을 연결하면 각 피유도선의 항내 항행은 육상의 중앙 관제 센터에서 집중 제어할 수 있어 항내 교통의 고능률화, 안전성 향상 등에 크게 기여하리라고 기대됩니다. 그러나 이 방법은 바닷속에 전로 시설 공사라는 것이 난점이지만 해양국인 일본을 대표하는 하나의 기술로서는 흥미로운 것이 아닐까요.

전자추진선의 시스템 구성

지금까지의 설명으로 전자추진선이란 어떤 것인가, 어떤 방식이 있는가, 또한 그 연구 개발은 어떻게 이루어져왔는가, 대체로 그 모습을 이해했으리라 여겨지므로 이 절에서는 전자추진선의 하드 면을 소개하기로 하겠습니다.

우선 최초로 전자추진선의 전체 구성을 그림 14.1에 나타냈습니다. 이 그림은 직류 내부 자기장 방식을 나타내고 있습니다. 이 그림에서 알 수 있듯이 전자추진선은 동력계, 강자기장 발생계, 조선·제어계로 구성되어 있습니다.

동력계

우선 동력계인데 이것은 배의 추진력의 동력을 공급하는 부분으로 원동기, 발전기, 해수 통전용 전극으로 구성되어 있습니다. 원동기는 가스터빈 등이며 종래 기술 그대로입니다. 또한 발전기도 종래의 상전도형으로도 좋지만, 전자추진선같이 초전도 자석을 사용할 경우는 발전기도 초전도화하여 소형·경량·고능률화 하는 것이 득책이라 생각합니다. 동력계의 마지막으로서 해수 통전용 전극인데 이것은 전자추진 특유의 것이므로 다소 설명을 드리겠습니다.

우선 해수 중을 흐르는 전류란 무엇인가를 말씀드리면 도대체 전류란 그 정의부터가 전하의 흐름이므로, 해수 전류의 경우는 바닷물에 녹

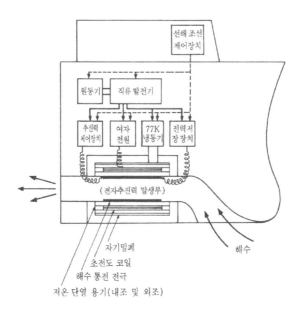

그림 14.1 | 전자추진선의 전체 구성

아 있는 나트륨 이온이나 염소 이온의 흐름을 의미합니다. 그러나 나트륨 이온은 플러스 전하, 염소 이온은 마이너스 전하이므로 양이온이 같은 방향으로 흐르면 플러스·마이너스 0이므로 전류로는 되지 않습니다. 따라서 바닷물에 전류가 흐르게 하기 위해서는 해수 중에 전압을 가해, 가령 나트륨 이온은 오른쪽으로 염소 이온은 왼쪽으로 흐르게 할 필요가 있습니다. 그리고 이 이온의 이동을 계속해서 이루기 위해서는 가령 직류 자기장 방식의 경우는 외부에서 전류를 주입하지 않으면 안 됩니다. 이 외부로부터의 전류는 전선(구리선)으로 공급하므로 이 전선을 흐르는 전류, 즉 전자와 해수 중의 나트륨이나 염소 이온을 교환할 필요가 있습니다. 이것을 하는 것이 전극판이며 양극에서는 염소 이온(Cl^-)의 전자를 받아들여 염소가스를 발생시키고, 음극에서는 전자를 바닷물 속에 주입하여 나트륨 이온(Na^+)을 나트륨으로 합니다. 이러한 초기 생성물이 방아쇠가 되어 바닷물 속에서 화학 변화가 생겨나, 최종적으로는 양극에서는 차아염소산 소다가, 음극에서는 수소가스와 염화 마그네슘이 발생합니다. 이것이 바닷물의 통상적 전기 분해 반응입니다. 이러한 반응에 의해 발생하는 염소는 부식성이 강하고, 차아염소산 소다는 유독하고, 또한 수소가스는 폭발성이고, 염화 마그네슘은 전극판 표면에 고착하여 전극판 기능을 저하시킵니다.

이러한 전해 생성물의 발생량을 정량적으로 구한 것은 앞에서 모터나 발전기의 발명자로서 소개한 패러데이입니다. 그는 발전기를 발명한 후, 진정으로 발전기에서 나오는 전기와 전지에서 나는 전기가 같은 것인지 어떤지를 확인할 필요가 있다고 생각하여 그 하나의 방책으로서 전기 분해 실험을 실시했습니다. 그 결과 양전기의 동등성은 말할 필요도 없고 전해 생성물의 발생량은 전극판에 공급한 전하량(전류×시간)에 비례한다는 것도 발견했습니다. 부언하지만 1,000A로 1시간 바닷물의 전기 분해를 하면 차아염소산 소다가 약 2.5㎏, 수산화 마그네슘이 약 250g, 수소가스가 약 40g(약 420ℓ), 미반응의 염소가스가 약 150g(약 50ℓ) 발생합니다. 이러한 전해 생성물이 발생하는 점이 직류 자기장 방식의 난점이며 이 난점을 극복하기 위한 방책이 여러 가지로 고안되고 있습니다. 다음은 그것을 설명하겠습니다.

우선 전극판의 방식 대책으로는 전극 재료로서 티타늄 기판에 백금 도금한 것을 사용합니다. 지금까지의 모델선은 모두 이런 전극판을 사용하여 효과를 올리고 있습니다. 그러나 이것은 도저히 기본적인 대책이라고 말할 수 없습니다. 발본 대책으로는 앞에서 말씀드린 전기 분해에서 가장 문제가 되는 염소의 발생을 억제해야만 합니다. 그것을 가능하게 하는 신전극재의 개발에 도전한 것은 미국의 베넷(J. E. Bennett)이며 1980년에 신형 전극을 발명했습니다. 그의 전극은 종래의 전극판의 표면을 이산화 망간으로 얇게 처리한 것으로, 이렇게 하면 음극에 서는 염소 대신에 산소가스가 발생하는 것을 발견했습니다.

또한 다른 방식으로는 야마나시(山梨)대학의 후루야(古屋) 등은 전극판을 종래의 금속판 전극에서 가스 확산 전극으로 바꾸어 외부에서 수소가스 등을 공급함으로써 기본적으로 염소를 발생시키지 않는 해수 통전 방식을 제안하고 있습니다. 아직은 어느 것이나 실용으로는 되어 있지 않으나 해수 통전에 관한 난문제의 해결은 전도가 밝다고 봅니다.

강자기장 발생계

이어서 강자기장 발생계인데 여기에는 초전도 자석, 그것을 냉각, 유지하는 저온 단열 용기(크라이오스탯), 자석 여자 전원, 크라이오스탯용 냉동기, 자기밀폐 등으로 구성되어 있습니다.

이 중에서도 가장 중요하고 또한 기술적으로는 고도한 것이 초전도 자석입니다. 각종 초전도 자석의 자기장 강도와 크기를 비교한 것이 그림 14.2인데 이 그림에서 분명한 것같이 전자추진용 초전도 자석은 종래에 없는 강자기장·대자기장 공간을 필요로 합니다. 이러한 강자기장·대형의 초전도 자석을 고려할 경우, 가장 문제가 되는 것은 초전도선재를 흐르는 전류 밀도를 어떻게 크게 할 수 있는가 하는 점과 또 하나는 선재에 작용하는 강대한 전자력을 여하히 지탱하는가 하는 점입니다.

우선 초전도의 전류 밀도인데 초전도선의 전류 밀도는 자기장이 강해지면 급격하게 저하합니다. 그러므로 나이오븀-티타늄 합금의 초전

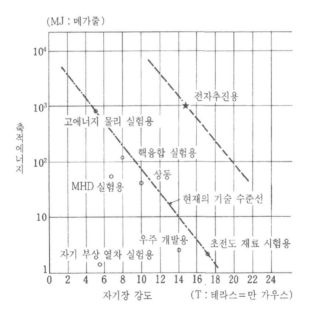

그림 14.2 | 각종 초전도 자석의 비교

도선으로 9만G, 나이오븀-주석 화합물의 초전도선으로는 20만G가 한도입니다. 그러나 실제로 전자추진선용으로서 넓은 범위에서 20만G를 발생하는 데는 초전도선은 30만G 정도를 견디지 못하면 쓸모가 없으므로 지금까지의 금속계 초전도선으로는 전자추진선용의 초전도 자석은 무리한 상황이었습니다. 그러한 때 나타난 것이 고온 초전도체입니다. 초전도체가 견딜 수 있는 자기장 강도와 초전도 되는 임계 온도는 기본적으로 비례하므로, 발견 시초부터 종래 이상의 강자기장에 견딜 수 있을 것이 기대되었습니다. 최근의 연구로는 고온 초전도의 시작선 재를 액체 헬륨 온도(-269℃)까지 냉각하면 약 30만G란 강자기장에서도 충분한 전류(1㎟당 2,000A)가 흐른다는 것이 입증되었습니다. 이러한 사실로서 전자추진선용의 초전도 자석은 고온 초전도선재를 액체 헬륨 온도로 냉각하여 사용하는 것이 현재로서는 가장 유망한 선택지라고 생각합니다.

다음은 전자력의 지지인데 그것을 위해서는 경량이고 고강도인 구조재가 필요합니다. 다행히도 많은 재료의 강도는 저온으로 하면 대폭으로 향상되므로 일단은 현상 기술로 해결되리라 생각됩니다. 예를 들면 플라스틱을 유리 섬유(纖維)로 강화한 복합 재료(G-FRP)를 액체 헬륨 온도로 냉각하면 그 인장 강도는 1㎟당 무려 100kg 이상이 됩니다. 부언하면 이 재료로 자기장 강도 20만G로 지름 1m의 원통을 지지하는 경우를 생각하면 이 G-FRP의 두께는 8㎝로 충분합니다. 이러한 상황이므로 이 규모의 초전도 자석의 실용화는 21세기에 들어, 고온 초전도

선재가 현실의 것이 된다면 다음은 가속도적으로 진보할 것이 기대되고 있습니다.

이것에 대해 초전도 자석용의 크라이오스탯이 냉동기는 선박용으로서의 진동이나 동요 등에 견딜 수 있는 고안이 필요하지만 기본적으로는 현상 기술로 해결되리라고 생각합니다. 크라이오스탯도 경량화가 바람직하지만, 그러기 위해서는 앞에서 말한 G-FRP를 사용하는 것도 생각할 수 있습니다. 이미 G-FRP제의 액체 헬륨 용기도 판매되고 있어 저온에 사용해도 문제는 없습니다. 또한 냉동기는 강자기장 중에서 사용하는 것도 생각할 수 있으나 각 부분의 재료 선택에 주의한다면 현상 기술로 충분히 해결됩니다.

또한 여자 전원도 기술적으로는 전혀 문제가 없으며 초전도 자석을 영구 전류 모드로 사용하는 경우에는 선체에 탑재할 필요가 없을지도 모르겠습니다. 이 강자기장 발생계에서 또 하나 문제가 되는 것은 자기밀폐입니다. 자기밀폐에 대해서는 이미 제8화에서 말씀드렸으므로 여기에서는 생략하겠습니다만, 자기밀폐재의 중량으로 보아 철은 사용할 수 없으며 초전도 자기밀폐재가 불가결합니다. 이것에 대해서는 현재 고성능의 초전도 박막형 밀폐재가 개발 중에 있으며 수년 후에는 실용화되리라 생각합니다.

그림 14.1에는 전력 저장 장치도 있습니다. 이것은 기본적으로는 불필요한 것이지만 발전기의 잉여 전력을 여기에 저장해놓고 급가속이나 급정지로 과대한 해수 전류를 흘릴 필요가 있을 때는 여기에서 전력

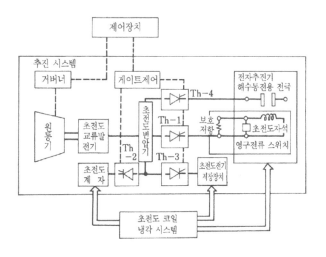

그림 14.3 | 전초전도형 전자추진 시스템

을 공급합니다. 이러한 동작은 전자추진에 있어서 독특한 것으로 전자
추진선의 기동성을 고도로 발휘할 수 있습니다. 당연한 일이지만 이 전
력 저장 장치도 제5화에서 이야기한 초전도형을 사용합니다.

　이상으로 말한 이외에 해수 통전용의 발전기도 초전도화하여 대폭
으로 소형 경량화가 가능합니다. 초전도 전자추진선 시대가 되면 그림
14.3에 나타낸 것처럼 선내에는 대형·강자기장 초전도 자석을 비롯하
여 초전도 발전기, 초전도 전력 저장 장치, 초전도 변압기 그리고 초전
도 송전 케이블 등의 초전도 설비가 즐비하게 배치되어 그야말로 초전
도의 전성시대가 될지도 모릅니다.

전자추진선은 어떤 용도에 적합한가

여기서는 전자추진선 이야기의 마지막 회로서 그 적용 분야에 대해 나의 꿈을 이야기하겠습니다. 지금까지 이미 말씀드린 바와 같이 전자추진선은 다음과 같은 다섯 가지 특징이 있습니다.

① 전자추진기는 충분한 고자기장을 사용할 수 있으며, 추진에너지 효율이 높고 게다가 고속 영역에서도 추진에너지 효율은 별로 저하하지 않는다.
② 선체 외에는 프로펠러 같은 돌기물이 없다.
③ 추진력의 크기나 방향은 해수 통전의 크기와 방향으로 정해지므로 해수 통전을 제어하는 것에 의해 전후좌우 어느 방향에서도 배의 운동을 제어할 수 있다.
④ 전로 통전 방식으로는 육상의 관제 센터에서 많은 선박의 항행을 집중 제어할 수 있다.
⑤ 기계적인 회전 기구가 없으므로 추진기에 기인하는 진동이나 소음이 적다.

다음부터는 이러한 각각의 특징을 살린 응용 분야를 순차적으로 생각해보기로 하겠습니다.

초고속선

우선 추진에너지 효율이 높고, 그것이 고속력에서도 저하하지 않는다는 특징인데, 이 특징은 초고속선에 적용할 수 있습니다. 현재의 컨테이너선의 속도는 시속 40~50㎞ 정도이지만 이 속도를 3배 정도, 가령 시속 150㎞까지 올리면 고베항에서 샌프란시스코의 금문교까지 약 1만 ㎞는 3일이 미치지 않는 여정이 됩니다. 또한 앞으로 물자 수송이 한층 더 활발해지리라고 예상되는 아시아 경제권에서도 예를 들어 고베-홍콩 간 2,500㎞는 약 17시간으로, 또한 고베-싱가포르 간 5,300㎞는 약 35시간의 여정이 되며 어지간히 급용 화물이 아닌 한, 충분히 항공 수송에 대항할 수 있습니다. 또한 일본 국내에서도 규슈-도쿄 간 약 1,000㎞는 7시간이 되며, 트럭 수송 등에 대항하여 생선 식료품 등의 수송도 충분합니다. 이러한 관점에서 1989년도부터 운수성의 주도로 신형 초고속 수송선 개발 계획도 본격화되어 있습니다. 이러한 상황으로 보면 배의 고속화는 바야흐로 시대의 흐름이라 하여도 좋을 것 같습니다.

초고속선을 고려할 경우 최대의 과제는 선형입니다. 무어라 해도 배가 고속으로 되면 선체의 마찰 저항 이외에 조파(造波) 저항 등이 가해져

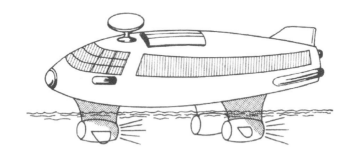

그림 15.1 | 전자추진 초고속선 구상

속도의 제곱 이상의 급커브로 추진 저항이 증가합니다. 그것에 맞는 대마력을 내지 못하면 배는 예상된 속도로 나가지 못합니다. 그러므로 초고속용 선형으로 제안되고 있는 것이 그림 15.1에서 보시는 것과 같은 수중익선(水中翼船)입니다. 수중에 설치한 날개로 선체를 공중에 뜨게 합니다. 물의 비중은 공기의 약 800배이므로 수중의 날개는 비행기와 비교하여 그만큼 작아도 됩니다. 수중에는 추진기와 날개만 남고 가는 지주(strut)로 공중의 선체를 받듭니다. 전자추진기는 고속력에서의 추진 에너지 효율이 높을 뿐만 아니라 이러한 추진기 배치에도 대응할 수 있습니다. 예를 들어 내부 자기장형의 전자추진기를 항공기의 제트 엔진 같은 형상으로 하고, 그 양측에 작은 날개를 달아 부상력과 추진력 발생에 사용합니다. 전자추진기에 공급하는 전력은 선체의 발전기에서 케이블로 공급합니다. 이것은 그야말로 21세기의 꿈의 배입니다.

쇄빙선

다음은 프로펠러같은 돌기물이 선체 외에 없다는 특징인데, 이것은 쇄빙선에 가장 적합합니다. 쇄빙선에서는 선수에서 분쇄한 얼음이 선미의 프로펠러에 충돌하여 그것을 파손할 위험성이 항상 있으나, 전자추진선에는 그러한 돌기물이 없으므로 전혀 문제가 되지 않습니다. 그러나 내부 자기장형으로는 해수 흡입구가 얼음에 폐쇄될 가능성이 있으므로 쇄빙선에는 외부 자기장형이 적합합니다. 이러한 기본적인 고려하에 개념 설계된 전자추진 쇄빙선을 그림 15.2에 나타냈습니다.

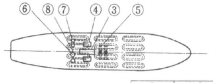

9	1식	자기밀폐
8	1	액체 질소 탱크
7	2	콤프레서
6	2	냉동기
5	10	여자 전원
4	2	보일러
3	1식	터빙 및 발전기
2	12	초전도 코일
1	1	선체
번호	원수	품명

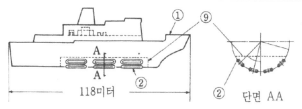

그림 15.2 | 전자추진 쇄빙선 구상

이 그림은 배수량 1만 5,000톤의 쇄빙선으로 전자추진 방식으로는 미국의 웨이가 고안한 다중 쌍원통 좌표형을 채용했습니다. 이 쇄빙선은 전장 13m, 해수 중의 최대 자기장 강도 7만G의 초전도 자석을 12대 선저에 설치하고 선저 전면에 상시 400톤, 최대시 2,500톤의 추진력을 냅니다.

이 초전도 자석은 특히 경량화를 목표로 하여 개념 설계되어 있으므로 그 초중량은 배의 배수량의 12% 정도로 가볍고, 프로펠러선의 프로펠러나 그것에 힘을 전달하기 위한 샤프트의 중량과 비교하여 손색이 없습니다. 이러한 대형 강자기장의 초전도 자석은 아직 현존하지는 않으나 현재의 기술 수준으로도 금속계 초전도선을 사용하여 수년의 연구 개발 노력으로 실현 가능한 것이라고 생각합니다. 장래적으로는 고온 초전도재가 개발되면 북해 해역의 쇄빙 LNG선은 LNG 냉각의 초전도 전자추진선이 될 것이란 구상도 꿈은 아닙니다.

해양 개발 기지

다음은 전자추진 DPS로 이야기를 돌리겠습니다. 이 DPS란 Dynamic Positioning System의 약자로서 해양 개발을 위한 부체(浮體) 기지의 위치를 유지하는 시스템이며, 전자추진 제어성의 장점을 충분히 활용할 수 있습니다. 전자추진 DPS의 구상을 그림 15.3으로 나타냈습니다. 이 구상에서는 밸러스트 탱크의 하부에 4대의 전자추진기를 배치했습니다. 전자추진기 형식은 외부 자기장형이며 해수 통전용 전극으로서 각각 두 쌍의 전극판을 평행으로 설치합니다. 이렇게 하면 각 전자추진기로 360도 어느 방향으로도 순시에 추진력을 발생시킬 수 있습니다. 게다가 플랫폼의 주위에 힘과 그 전달 속도를 검출하는 센서를 배치해놓으면 여러 가지의 파도, 해류 또는 바람에 대해 정확하게 대항력을 발생할 수 있어 플랫폼은 미동도 하지 않습니다.

동일한 전자추진의 이점은 해중 작업선에서도 그 위력을 발휘합니다. 전자추진을 사용하면 전진, 후진은 말할 것도 없고 횡행, 자전 등

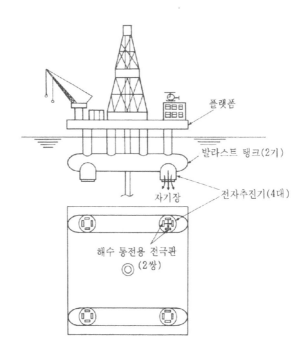

플랫폼

발라스트 탱크(2기)

자기장

전자추진기(4대)

해수 통전용 전극판
(2쌍)

그림 15.3 | 전자추진 DPS 구상

여러 가지 운동이 가능합니다. 게다가 작업의 반력(反力)에 의한 선체 운동을 제어하는 시스템도 가능합니다. 이처럼 전자추진의 고도의 제어성은 종래의 프로펠러에서는 실현 불가능한 일이며, 특히 작업하기 쉬워야 하는 것이 중요한 해양 개발 분야에서는 크게 힘을 발휘할 수 있으리라 생각됩니다.

21세기는 우주 시대라고 말하고 있으나 그와 동시에 우리가 사는 지구의 해양 개발도 중요합니다. 해양 레저, 해양 도시, 해양 목장, 해

양 발전소, 나아가서 해저 석유, 해저 광물, 해수 용존 자원의 회수 등,
꿈은 끝일 줄 모르고 넓어집니다. 해양 목장의 목동들이 전자추진 스쿠
터를 타고 휘달리는 것은 언제쯤일까요.

선박 유도 제어 시스템

다음은 전자추진의 외부 제어성을 살린 선박 유도 제어 시스템 구상
을 소개하겠습니다. 이것에는 제13화에서 설명한 전로 통전 방식을 채
용합니다. 그 상상도는 그림 15.4와 같습니다. 이 구상은 가령 고베항
내의 대형 선박 항행 관리 구역에 소정의 전로를 부설합니다. 피유도선
은 통상의 프로펠러선이며 그 선수에 밑으로 향한 자기장을 발생하는
초전도 자석을 탑재한 전자추진 터그보트를 연결합니다. 이렇게 하여
전로에 통전하면 전로 ①로 추진력이, 전로 ②로 레일에 따를 유도력이

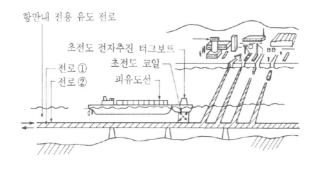

그림 15.4 | 선박 유도 제어 시스템 구상

발생하여 피유도선은 육상의 관제 센터로부터의 제어만으로 소정의 바지에 착안할 수 있습니다.

이러한 시스템에서는 관리 구역 내의 대형 선박 전부를 관제 센터에서 제어할 수 있으므로 좁은 항만 내에서도 동시에 많은 배의 운항이 가능하며, 항만 내의 물자 유통 처리가 대폭으로 개선되리라 생각합니다. 또한 이 시스템은 암초가 보일 듯 말 듯한 해협의 안전 항로 설정에도 사용할 수 있습니다.

최근 일본에서도 하천을 이용한 수송 시스템이 약간 붐을 이루고 있는데 이 선박 유도 제어 시스템은 바닷물에 직접 통전하지 않고 전로에 통전하므로 진수인 하천에도 적용할 수 있습니다. 이 시스템을 사용하면 하천에서는 완전 자동 수송 시스템도 꿈만은 아닙니다. 특히 육상 교통이 포화 상태에 이르고 있는 대도시에서는 수상 교통이라도 대담한 기술 혁신을 해야 할 시대가 아니겠습니까. 그 기술 혁신의 열쇠는 초전도 전자추진이 쥐고 있습니다.

잠수 탱커, 해중 유람선

이상은 주로 일본에서 제안된 것이지만 미국에서도 전자추진의 적용에 대하여 몇 가지 제안이 이루어져 있습니다. 그 하나가 잠수 탱커입니다. 이것은 외부 자기장형 전자추진선의 추진에너지 효율이 높은 것과 잠수선의 선체 저항이 적은 것을 결합한 것으로 미국 웨스팅하우스사의 웨이에 의하면 이러한 잠수선이라면 전체의 추진 효율은 80%

이상이 됩니다.

또한 이러한 잠수선 기술이 확립되면 해중 유람선도 좋을 것입니다. 이 경우는 특히 전자추진선의 소음, 진동이 없다는 것이 큰 장점이 됩니다. 특히 전원으로서 축전지나 연료 전지를 사용하면 소음이나 진동원은 0이 되므로 해중 관광이 매우 쾌적하다는 것은 두말할 나위도 없습니다. 이렇게 되면 물고기의 안면방해도 되지 않으므로 충분히 공존도 가능합니다.

이상으로 이 절은 마치겠으나 젊은 여러분도 이 전자추진의 유니크한 특징을 살린 아이디어를 하나 생각해보십시오.

4장

초전도 응용의 현상과
장래의 전망

이 책의 총괄로서 초전도 응용 중에서 특히 앞으로 신장되리라 여겨지는 4 분야, 수송·의료·전력·기초 과학(전자 분야는 제외)에 대하여 그 개발의 현상과 고온 초전도 기술을 기본으로 한 장래의 전망을 말하고, 21세기 '초전도 시대'의 소묘(素描)를 시도해보려고 한다.

수송 분야

실용화가 가까운 자기 부상 철도

수송 분야에서의 초전도 응용으로서 가장 실용화가 가까운 것은 자기 부상 철도입니다. 현재의 철도는 모두 바퀴로 주행하고 있으나 자기 부상 철도에서는 자기장력 위에 부상하여 바퀴 없이 주행합니다. 따라서 이 철도에서는 바퀴와 레일에서 발생하는 금속음이 없어집니다. 이것이 부상식 철도의 최대의 장점이지만 주행력을 발생하는 방법은 연구가 필요합니다. 현재의 철도에서는 바퀴와 레일의 마찰력은 사용할 수 없습니다. 그러므로 자기 부상 철도 구상의 초기 단계에서는 제트 엔진 추진도 시도했으나, 이것은 소음이 대단하여 실용은 되지 않았습니다. 그 후 1966년에 미국의 댄비(G. T. Danby)에 의해 자기 부상 철도용 모터로서 리니어 싱크로너스 모터가 고안되어 그 이후 이 리니어 모터가 자기 부상 철도의 주류가 되어 있습니다.

그런데 부상식은 어떤가 말씀드리면 이것에는 여러 가지가 있는데, 그 대표적인 것으로 그림 16.1에 나타낸 세 종류가 있습니다.

우선 현재 가장 기술적으로 앞서 있는 것은 전자석의 흡입력으로 차체를 흡인하는 방법입니다(그림 16.1(ⅰ)). 이 경우는 철 레일과 전자석이 가까우면 가까울수록 흡인력이 커지므로 방치하면 붙어버립니다. 따라서 전자석의 자기장 강도를 항상 제어할 필요가 있습니다. 그 반면에 비교적 낮은 자기장으로 강한 흡인력을 얻을 수 있으므로 이미 기술적으로 확립된 상전도 전자석으로 충분합니다. 이 부상 방식은 독일의 자기 부상 철도 '트랜스래피드(Transrapid)'에서 채용되었으며, 현재 이미 전장 31.5㎞의 실험선에서 영업용으로 설계된 차량 '트랜스래피드 07'(설계 속도 매시 500㎞)에 의해 상업 운전을 상정한 각종의 시험이 반

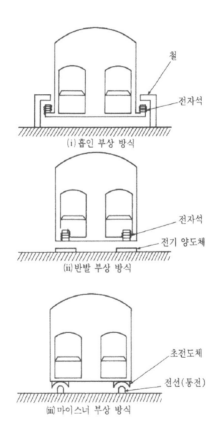

그림 16.1 | 자기 부상 방식의 종류

복되고 있습니다.

이것과는 다르게 일본이 중심이 되어 연구 개발하고 있는 반발 부상 방식(그림 16.1(ii))은 도체에서 자석을 달리게 했을 때 발생한 부상력을 이용하는 방법으로 그 원리는 제7화(그림 7.9)에서 설명했습니다. 이 방식에서는 부상을 위한 제어는 필요 없으나 차량을 부상시키기 위해서는 1만G 정도의 강자기장을 필요로 하고 또한 그 자석을 차량에 탑재하기 위해 경량이어야 하므로 초전도 자석을 사용하지 않을 수 없습니다. 이 방식은 일본의 (재)철도종합기술연구소가 개발을 진행하고 있으며 1977년에 미야자키(宮崎)현의 7㎞의 실험선에서 무인 실험차 ML-500에 의해 차량으로서의 세계 최고 속도, 시속 517㎞를 달성했습니다. 현재는 44인승 실험 차량 MLU-002에 의해 승차감의 개선 등을 목적으로 유인 주행 실험이 되풀이되고 있습니다. 2001년에는 도쿄-오사카 간을 1시간으로 연결하는 중앙 리니어 신칸센의 영업 운전도 시작될 것 같습니다.

마지막으로 소개하는 것은 초전도의 기본 특성인 마이스너 효과를 이용한 부상 방식입니다(그림 16.1(iii)). 이 방식은 미국 브룩헤이븐 국립 연구소(BNL)의 파월(James. R. Powell)이 1963년에 제안한 것으로 초전도체 특유의 마이스너 효과(41쪽)를 사용합니다. 가령 지상에 부설한 전선에 통전하여 자기장을 발생시키면 차체 저부의 초전도체는 마이스너 효과에 의해 자기장에 반발하여 부상력을 얻습니다. 이 방식으로는 노면을 초전도체로 할 수도 있습니다만, 종래의 금속계 초전도체로는 냉각이 심하므로 실용적이진 않습니다. 그러나 지금의 고온 초전도체의 급진전으로 언젠가 상온으로 사용할 수 있는 재료가 출현하면 충분히 실현 가능성이 있으므로 이미 그것을 가상한 부상 주행 실험도 실시되고 있습니다.

이상으로 자기 부상 철도의 개관은 마치겠으나, 현재의 진전도로 보아 실현이 가장 빠른 것은 독일의 트랜스래피드라고 생각됩니다. 이것은 상전도 방식입니다만 이미 영업 차량의 설계도 완료되어 있습니다. 이것 다음이 일본 철도종합기술연구소의 초전도 방식 MLU입니다. 앞으로의 최대의 기술 과제는 초전도 자석의 안정성이라고 하고 있습니다.

이상의 2대 프로젝트를 뒤따라 지금부터 국가적으로 적극적인 연구

그림 16.2 | 반발 부상 방식의 자기 부상 철도 실험차 MLU-002 (사진/(재)철도종합연구소)

개발을 시작하려고 하는 것이 미국입니다. 미국의 교통 체계는 항공기와 자동차로 이루어져 있으나 21세기를 앞두고 어느 것이나 폭발 직전이며 대기 오염 등 문제는 산적해 있습니다. 이것을 해결하기 위하여 미국 전토에 자기부상 철도를 부설하려는 것입니다. 그리고 최종적으로는 이것을 하나의 수출 산업으로까지 육성하려는 이야기도 있습니다. 미국은 아직 독일식의 상전도 방식인지, 일본식의 초전도 방식인지, 어느 쪽을 택할 것인지 결정되어 있지 않으나 미국의 고온 초전도체에 거는 열의 그리고 지금부터 개발을 출발한다는 점을 고려하면 기술의 장래성을 보아, 초전도 방식을 선택할 것은 충분히 기대됩니다. 이러한 상황에서 초전도의 가까운 응용으로서 초전도 자기 부상 철도가 세계를 달리는 것도 그리 먼 장래는 아닐 것입니다.

육상 수송의 또 하나의 기둥으로는 '차'가 있습니다만, 이것을 초전도 전기 구동으로 하자는 것도 제 꿈의 하나입니다. 상용 초전도체가 실용화되게 되면 그것으로 노면 코팅하므로 철도의 경우와 같은 요령으로 마이스너 효과로 부상하고, 차에 이동자기장 발생 장치를 적재하면 이른바 차재 1차의 인덕션 모터로 달릴 수 있습니다(그림 3.4). 이것이 실현되면 도로의 소음이나 진동이 대폭으로 적어지고 노면의 손상도 없어집니다.

전기추진이란

다음은 해상 수송으로 이야기를 옮기겠습니다. 이 분야에서의 초전도 응용으로는 이미 이야기한 초전도 전자추진선과 또 하나는 초전도 전기추진선이 있습니다만 여기서는 전기추진선에 대해서 이야기하겠습니다.

전기추진선이란 것은 프로펠러를 모터로 구동시키는 배를 말하며, 프로펠러의 회전 동력을 기계식으로 전달하기 위한 톱니바퀴의 가공 기술이 미진했던 제2차 세계대전 때쯤엔 미국 등에서 흔히 건조되었습니다만, 그 이후 현재에 이르기까지 거의 대부분의 배는 원동기에서 톱니바퀴를 매개하여 프로펠러를 구동하는 방식입니다. 그러나 모터 구동은 제어성이 높으므로 쇄빙선, 조사선 같은 특수한 배는 지금도 전기추진입니다. 이 전기추진선에 탑재되어 있는 발전기와 모터를 초전도화하는 것이 초전도 전기추진선입니다. 초전도화했을 때의 최대의 이점은 대형선의 경우 발전기와 모터의 중량이 약 5분의 1 정도로, 또한 크기(부피)도 10분의 1 정도가 되는 점입니다. 이처럼 프로펠러의 구동계가 작아지면 모터를 항아리 모양의 용기에 넣고, 거기에 프로펠러를 달아 선체의 임의의 장소에 부착하는 것도 가능하며, 여러 가지로 새로운 배의 이미지가 떠오릅니다.

초전도 전기추진선의 개발에 최초로 본격적으로 내디딘 것은 미국입니다. 미국에서는 1980년에 400마력의 초전도 모터와 300㎾의 초전도 발전기를 탑재한 초전도 전기추진 실험선 '주피터Ⅱ'(전장 20m)가 완성되고 해상 주항에 성공했습니다. 일본에서도 1980년부터 일본 선박기기 개발 협회의 주도로 개발이 진행되어 1985년에는 선박용 초전도 모터의 시작(試作)을 성공했습니다.

장래의 초전도 전기추진 방식의 적용선으로는 북해 등의 LNG를 운반하는 LNG 쇄빙선이나 시속 100㎞ 이상의 고속 상선이 고려될 수 있으나, 이것이 실용화되기 위해서는 초전도 기기는 교류형이 바람직하다고 합니다. 그러나 현상으로는 교류 초전도 기기는 냉동 부하가 커서 실용적이 아니므로 냉동 부하의 경감 그리고 초전도 기기의 안정화를 목적으로 액체 질소 냉각으로 사용할 수 있는 교류 고온 초전도 선재의 개발이 선결문제라고 생각합니다.

전자 캐터펄트, 우주선 가속기

이 절의 마지막으로는 항공, 우주 분야인데 항공기 본체에서의 초전도 응용은 센서나 컴퓨터 등의 초전도 전자 기기류가 중심이므로 여기에서는 생략합니다. 공항 설비로는 두세 가지의 대형 강자기장 이용의 아이디어가 나와 있습니다. 그 하나는 전자 캐터펄트입니다. 이것은 항공기를 리니어 모터로 가속하여 이륙시킵니다. 또한 활주로를 상온 초전도체로 코팅하면 앞에서 말씀드린 초전도 자동차와 같이 기체는 자기 부상한 채로 가속, 이륙할 수 있습니다.

이러한 기술이 완성되면 공항 내에서는 제트 엔진을 분사시키지 않으므로 공항 주변의 대기 오염이나 소음 같은 문제는 매우 경감되리라 생각됩니다. 같은 기술은 항공기의 착륙 시에도 사용될 수 있습니다. 특히 항공기의 착륙 시에는 바퀴에 상당한 충격력이 가해져 타이어의 펑크 사고가 그칠 줄 모릅니다. 그러므로 실온 초전도체를 코팅한 활주로라면 사전에 기체의 전자석에 통전하여 자기 부상으로 착지, 활주할 수 있다면 좋지 않을까 생각됩니다.

한편, 우주로의 수송 수단에 대해서도 여러 가지로 초전도 응용의 제안이 이루어지고 있습니다. 이 이유는 현재와 같은 화학 로켓을 사용한 우주로의 물자 수송 방식으로는 수송 효율이 매우 낮기 때문입니다. 가령 현재, 일본 최대의 우주 로켓 H-I의 발사 시 중량은 약 140톤인데 이 정도의 중량을 쏘아 올려 고도 300㎞의 인공위성 궤도에 운반할 수 있는 화물은 3톤에 불과합니다. 요컨대 거의 연료와 로켓만이 쏘아 올려지고 있다는 것을 의미하고 있습니다. 이러한 난점을 해결하는 방법은 발사 시의 에너지로서 지상의 전력을 사용하는 방법입니다.

예를 들면 원통상의 코일을 축이 일직선이 되도록 배열하고 그 속에 자석이 달린 우주선을 놓고 코일에 순차적으로 통전하여 우주선을 가속하는 방법입니다. 이 가속 방식은 자기 부상 철도와 똑같은 리니어 싱크로너스 모터인데, 우주용은 철도와 비교하여 코일 설치 거리는 짧아도 좋으므로 전 코일을 초전도화하여 에너지 효율을 높이는 것이 가능합니다. 이러한 방법을 사용하면 발사 중량의 약 절반을 인공위성 궤도에 운반하는 것이 가능하다고 합니다. 이 발사 방식의 결점은 고가속도화 하는 것으로 인간은 도저히 견딜 수 없으나, 금후 대량으로 필요한 우주 구조체용 기재 등은 이러한 발사 방법으로도 무방하지 않을까요.

우주는 엄청나게 큰 것이므로 우주 수송으로의 초전도 응용을 생각하면 그만큼 발상이 웅대해집니다. 그러한 웅대한 구상의 한 예로서 궤

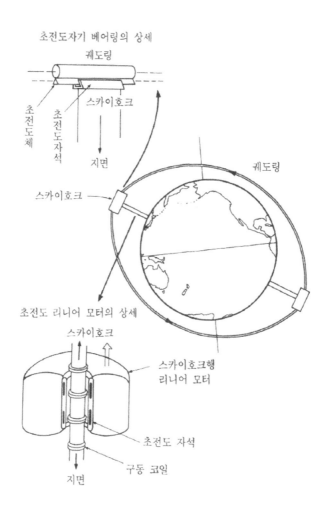

초전도자기 베어링의 상세

궤도링

초전도체

초전도자석

스카이호크

지면

스카이호크

궤도링

초전도 리니어 모터의 상세

스카이호크

스카이호크행 리니어 모터

초전도 자석

구동 코일

지면

그림 16.3 | 궤도 링 시스템

도 링 시스템을 소개하겠습니다(그림 16.3). 이 시스템에서는 인공위성 궤도를 일주하는 링을 궤도에 투입합니다. 그리고 이 링 궤도의 두 군데에 변곡점(skyhook, 즉 하늘의 잠금쇠라고 합니다)을 설치하고, 그 변곡점에서 계속 지구에서 멀어지는 방향에 힘이 발생하도록 하고, 그 힘으로 지상에서 신장해 있는 지주를 지탱합니다. 그러면 이 링은 지주의 정단부를 계속 초고속으로 통과하므로 거기는 초전도의 마이스너 효과를 적용한 자기 베어링을 사용하여 마찰을 없앱니다. 이렇게 하면 우리는 이 지주를 올라감으로써 고도 300㎞라는 인공위성과 같은 높이의 변곡점까지 쉽게 갈 수 있습니다. 부언하지만 보잉747 점보기의 순항 고도는 약 10㎞입니다. 의당 이 변곡점으로의 이동에도 초전도 리니어 모터를 사용합니다. 이러한 시대가 되면 '초전도 리니어 모터카를 타고 우주로 신혼여행'이란 것이 상식이 되는지 모릅니다.

우주의 실용 시대를 맞이하기 위해서는 우주로의 수송을 더욱 쉽게 할 필요가 있습니다. 그 관건은 초전도입니다. 지상에서 우주로 길을 놓기 위해서 선단 기술 '초전도'가 한몫하는 것도 그리 멀지 않습니다.

의료 분야

MRI (자기 공명 영상 장치)

초전도 기술은 현상으로는 아직 비용이 높으므로 어지간히 가치가 높은 분야가 아니면 수지가 맞지 않습니다. 그러한 가치가 높은 분야의 하나가 의료이며, 지금부터 말씀드리는 바와 같이 현재로서는 초전도 실용 제품의 핵심을 이루는 분야입니다.

우선 그 대표적인 것이 MRI(Magnetic Resonance Imaging: 자기 공명 영상 장치)입니다. MRI는 원래 물질의 내부 상태를 조사하기 위한 물리 실험 수법의 하나입니다. 나도 한때, 목재를 0℃ 이하로 냉각하면 어느 정도의 물이 얼지 않고 남아 있는가를 조사할 때 사용한 적이 있습니다. 이 경우 목재를 약 1만G의 자기장 속에 넣고, 거기에 수 10MHz의 고주파 자기장을 단시간 부여하면, 목재 중 물을 구성하고 있는 수소의 원자핵이 1만G의 자기장과 직각 방향으로 향합니다. 그리고 이것을 그대로 방치해두면 물의 원자핵은 원래대로 1만G의 자기장 방향으로 가지런히 배열하지만, 그 배열하는 시간이 얼음 상태의 경우와 물 상태의 경우가 다릅니다. 실제로는 얼음 상태 쪽이 빨리 배열하고 물 상태 속의 수소는 좀처럼 배열하지 않습니다. 역으로 이 물의 원자핵이 배열하는 모습을 보면 그 주변의 상태를 알 수 있는 셈입니다. 그 옛날의 나의 실험 결과는 무려 -90℃까지 냉각시키지 않으면 목재 중의 물은 완전히 동결하지 않는다는 것을 알았습니다.

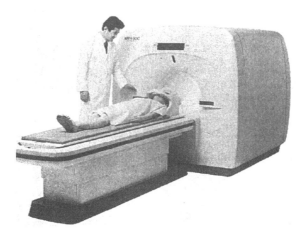

그림 17.1 | MRI-CT 장치·히타치 'MRH-5000'(사진/히타치제작소)

이것이 MRI의 원리입니다만 이것을 신체 단층면의 각 점에서 하게 됩니다. 그리고 가령 수소 원자핵이 가지런해지는 시간이 짧은 데는 백, 긴 데는 적으로 하여 단층면을 작성하면 통상의 뼈의 부분은 희고, 기타 부분은 빨갛게 됩니다. 만일 원래 빨개야 할 부분에 흰 반점 등이 보이면 무엇인가 종양이 있다는 것이 됩니다.

이처럼 물리 실험 도구였던 MRI가 의학에 응용되기 시작한 것은 1970년대입니다. 그 후 CT 기술(컴퓨터를 사용한 단층면상처리 기술)과 합쳐져 인간의 두부 MRI 단층 사진의 촬영에 최초로 성공한 것은 1980년, 영국의 노팅엄대학에서였습니다. 그 이후 의학계 연구 기관에서 MRI-CT 장치의 도입이 활발해져, 현재는 큰 병원을 중심으로 계속 도입되고 있습니다(그림 17.1).

MRI는 시간적으로나 공간적으로도 매우 일양성이 높은 자기장을 필요로 하므로 영구 전류 모드의 초전도 코일이 사용됩니다. 이것도 종래는 1만G라는 고자기장형이 초전도이고 5,000G이하의 저자기장형은 상전도라 하여 구분하여 사용되었으나, 최근에는 특히 영구 전류 모드 초전도 자석의 고안정성이 높이 평가되어 저자기장형에서도 초전도가 사용되는 경향이 있습니다. 실제로 최근의 초전도 MRI 장치에서는 초전도 자석의 냉각에 불가결한 액체 헬륨의 보급은 1~2개월에 1회 정도, 영구 전류 모드 초전도 자석에 대한 전류 보급은 1년에 2회 정도로서 정비 유지도 매우 간단해졌습니다. 현재 일본에는 이미 600여 대의 MRI 장치가 도입되어 있습니다만 그중 약 70%가 초전도형입니다.

MRI 장치는 앞으로도 더욱 보급될 전망이며 일부에서는 현재 일본에서의 최고 자기장 2만G를 더욱 높이려는 경향도 있습니다. 그렇게 함으로써 인체를 구성하는 수소 이외의 원자핵, 이를테면 철, 나트륨, 인 등의 생체 정보도 얻게 되어 언젠가는 MRI-CT 검사만으로 인체의 건강 상태를 모두 알게 되는 시대가 올지도 모르겠습니다.

PET (양전자 방출에 의한 단층 진단)

다음 PET 시스템을 말씀드리겠습니다. PET란 Positron Emission CT의 약자로서 번역하면 '양전자 방출에 의한 단층 진단'이란 뜻입니다. 여기에서 나타난 양전자란 통상 전자의 반입자이며, 전자와 결합하여 빛이라고 말씀드리지만, 통상의 가시광보다 훨씬 파장이 짧은 감마선이라고 불리는 것입니다. 이 진단법에서는 이 양전자+전자→감마선이란 반응을 사용합니다. 그러므로 우선 생체와 화합하는 약물의 원소를 양전자 방출 능력이 있는 동위 원소로 치환합니다. 그리고 이것을 생체에 투여하면 생체의 필요한 부분에서 이 약물과 생체가 화합합니다만 이 약물로부터는 계속 양전자가 방출되고 있어, 이 양전자는 즉시 주변의 전자와 결합하여 감마선을 발생합니다. 이렇게 해놓고 나서 체외에서 이 감마선을 계측하면 약물이 흡수된 부분을 알 수 있게 되는 셈입니다. 이처럼 PET 시스템으로는 생체 활동의 상황을 직접 진단할 수 있습니다. 그런 의미에서는 앞서의 MRI-CT같이 생체의 단층 구조를 보는 장치하고는 기능을 크게 달리하고 있습니다.

이 PET 장치와 초전도 기술은 어떻게 관계되어 있을까요. 그것은 양전자 방출 동위체를 만드는 데 초전도 자석의 강자기장을 사용한다는 것으로 관계되어 있습니다. 이 동위체는 통상의 약물에 고속의 양자(수소 이온)를 충돌시켜서 작성하지만, 양자를 고속으로 하여 필요한 장소에 유도하는 데 초전도 자석의 강자기장을 필요로 합니다.

PET 시스템은 일본에는 이미 15대 설치되어 있으나 그것은 모두가 상전도 자석에 의한 양자 가속 장치를 갖추고 있습니다. 그러나 최근 개발된 영국의 PET 시스템에서는 처음으로 초전도 자석의 채용을 단행하여, 장치의 대폭적인 경량화(종래의 5분의 1)나 소비 전력의 대폭적인 저감화(종래의 5분의 1) 등, 초전도 본래의 특징을 유감없이 발휘하여 주목되고 있습니다.

생체자기 계측 시스템

다음은 좀 색다른 생체 진단 시스템으로서 생체자기 계측 시스템을 다루기로 하겠습니다. 일본에서는 1990년 2월 3일에 이 시스템을 개발하기 위한 새로운 회사 '초전도 센서 연구소'가 설립되어 본격적인 연구 개발이 시작되었습니다. 인체는 여러 군데에서 약하기는 하지만 자기장을 발생시키고 있습니다. 가령 심장부터는 그 고동에 따라 100만분의 1G 정도의 자기장이, 또한 뇌에서는 그것보다 더욱 두 자리나 약한 자기장이 뇌 활동에 따라 발생합니다. 이러한 미약 자기장의 계측도 초전도의 기본 특성을 사용하면 할 수 있습니다.

여기서 사용하는 초전도 특성은 '자속의 양자화'라고 말합니다. 이것은 마이크로 일렉트로닉스의 분야에 속하므로 금번의 이야기 중에서는 생략했습니다만, 간단히 말씀드리면 초전도체에서 생긴 링에 자장이 발생하게 되면, 그 링 속에는 자속 양자 $\phi_0(2 \times 10^{-15} G \cdot cm^2$: G는 가우스)라는 미소한 자속의 정수 배밖에 들어갈 수 없다는 것을 의미하고 있습니다. 이러한 초전도의 기본 특성을 이용하면 미약 자기장의 계측이 가능합니다. 이러한 계측에 사용하는 초전도 소자를 스퀴드(SQUID: 초전도 양자 간섭 소자)라고 부릅니다.

스퀴드에 의한 생체 계측은 아직 연구 단계이며 의료 장치로서는 실용되어 있지 않으나, 예를 들어 핀란드의 헬싱키대학에서는 금속계 초전도체로 만든 스퀴드를 24조 두부에 배치하고 그 신호를 처리하여 뇌파의 발생 부위나 그 신호 형상을 판독할 수 있는 고정도 뇌 자기장계가 개발되어 있어 장래는 뇌 기능 장해의 진단부터 뇌 기능 해명이란 연구에까지 폭넓게 사용되리라 생각됩니다. 또한 소련에서는 고온 초전도 스퀴드를 사용하여 심장의 자기장 계측에 성공했습니다. 이 경우는 액체 질소에 의한 냉각으로 가능하므로 장래의 실용화를 고려할 때 매우 중요합니다. 이 분야의 현상은 구미가 선행하고 있으나 일본도 신회사 설립을 계기로 크게 연구 개발이 발전되리라 기대되고 있습니다.

파이 중간자 조사에 의한 암 치료에의 응용

이 절의 마지막으로 초전도 자석을 사용한 치료 장치의 한 가지를 다루어보겠습니다. 그것은 파이 중간자를 환부에 쬐어서 암을 치료하는 장치입니다.

조금 기초 물리학 얘기를 하게 되겠는데, 원자는 원자핵의 둘레에 전자가 돌고 있습니다. 이 원자핵에는 중성자나 양자가 여러 개 있습니다. 이러한 중성자나 양자를 원자핵 내에서 연결시키고 있는 것이 파이 중간자입니다. 원자핵의 형태를 유지하는 풀 같은 역할을 하고 있는 매우 중요한 입자입니다. 이 파이 중간자는 유카와 히데키(湯川秀樹) 박사가 1935년에 이론적으로 그 존재를 예언하고 1947년에 우주선 속에 그 존재가 확인되어 일본 사람으로서는 처음으로 노벨상을 받은 것은 잘 알고 있으리라 봅니다. 이 파이 중간자에는 전하가 플러스인 것, 마이너스인 것, 그리고 전하가 없는 것이 있습니다. 이 중에서 마이너스의 파이 중간자는 원자핵(전하는 전부 플러스)에 쉽게 들어가, 원자핵을 파괴하는 성질이 있다는 것이 판명되었습니다. 그러므로 이 파이 중간자를 암 종양부에 쪼이면 암세포를 파괴한다는, 즉 암 치료에 사용할 수 있다는 지적이 1961년에 미국 프린스턴대학의 파울러에 의해 이루어져, 그 이후 이 분야의 연구가 활발해지고 1982년에는 스위스의 폴셰러연구소(PSI)에 인체 치료용의 장치가 설치되어 1990년 초까지 약 500예의 암 치료가 이루어져 매우 양호한 성적을 올리고 있습니다.

파이 중간자는 금속에 고속의 전자나 양자를 쪼여서 발생시키지만, 거기에 발생한 파이 중간자 빔의 속도를 맞추어 인체까지 유도하는 데는 강자기장을 필요로 합니다. 이 강자기장 발생용으로 대형의 초전도 자석이 사용되고 있습니다.

이처럼 초전도 기술은 진단에서 치료에 걸쳐 의료의 넓은 분야에서 힘을 발휘하고 있습니다. 특히 고도의 기술을 필요로 하는 액체 헬륨 냉각에서도 초전도 기술이 실용화되어 있는 몇 안 되는 분야입니다. 금후 고온 초전도재가 실용화되면 더욱더 용도가 넓어져, 건강하고 쾌적한 사회를 이룩하는 데 크게 힘을 발휘하게 될 것은 의심할 여지가 없습니다.

전력 분야

초전도 기술은 전기 저항 0이라는 특성으로 보면, 우선 머리에 떠오르는 것은 전기 분야에서의 응용입니다. 그리고 머지않아 다가올 21세기는 가정, 사무실, 공장 또한 수송 수단에 이르기까지 그야말로 전화 시대입니다. 전기의 청결성, 그 편리성, 또한 그 제어성이 좋다는 것을 생각하면 당연한 기술의 흐름이라고 생각합니다.

그러나 전기의 최대 난점은 그 저장성이 나쁘다는 것입니다. 도시가스 탱크처럼 또는 석유 탱크처럼 전기는 저장할 수 없습니다. 그러나 이미 제5화에서 그 기본적인 생각을 말씀드렸듯이, 초전도를 사용하면 그 전기의 최대 난점을 극복할 수 있습니다. 현재로서 초전도는 전기를 본격적으로 저장하는 유일한 기술입니다.

초전도는 그 밖에도 종래의 전력 기구의 에너지 절약화나 소형·경량화도 가능하게 합니다. 어쨌든 전기 저항이 0이므로 전기 저항에 따르는 이른바 줄 로스(joule loss)는 완전히 0입니다. 무겁고 또한 부피 큰 철심을 사용할 필요도 없이 강자기장이 발생할 수 있으므로 장치는 쉽게 소형·경량화 할 수 있습니다. 이러한 이유에서 초전도는 이 전기 분야에서 지금까지 가장 많은 연구가 이루어져 있습니다. 그러나 이 전기 분야는 지금까지 오랫동안에 걸친 연구 성과의 축적도 있어 상전도 기술의 잠재성이 매우 높아, 아무리 초전도 기술이라 하여도 웬만한 대용량기가 아니면 상전도기하고는 맞설 수 없다는 것이 현상입니다.

그 최대의 이유는 "종래의 초전도기는 -269℃까지 냉각하지 않으면 작동하지 않는다"라는 데 있습니다. -269℃라는 극저온 헬륨을 액화하여 이룩할 수 있는 온도이지만 헬륨 냉동기의 에너지 효율은 무려 0.12~0.5%라는 낮은 것입니다. 따라서 아무리 초전도가 에너지 절약이라 하여도 그 초전도 상태를 유지하기 위한 헬륨 냉동기의 효율이 이처럼 낮으면 냉동기에서의 에너지 소비가 많아 시스템 전체로서는 도저히 에너지 절약이라고는 말할 수 없습니다. 또한 초전도 자석의 보냉용기가 냉동기를 포함하면 어지간한 대형기가 아니면 경량소형화의 효과도 나타나지 않습니다.

그러나 고온 초전도 시대가 되면 초전도기의 냉동 부하가 대폭 경감됩니다. 예를 들어 액체 질소 온도 냉각(약 -200℃)의 경우, 냉동기의 에너지 효율은 10~20%이므로 비교적 소량 용기로써 초전도기가 유리하게 될 가능성이 있어, 최근에는 다시 전력 분야에서의 초전도 응용 연구가 활발해졌습니다. 이러한 추세에 따라 이 절은 초전도 전력기기의 최근의 연구 개발 상황에 대하여 이야기하고자 합니다.

초전도에 의한 전력 저장

우선 초전도의 특징이 가장 발휘하기 쉬운 것은 전력 저장입니다. 이것은 통칭 SMES(Superconducting Magnetic Energy Storage)라고 불리며 본격적으로 다룬 것은 미국 위스콘신대학입니다. 1970년에 들어, 그들은 주간과 야간의 전력 소비량을 메꾸는 이른바 피크셰이빙용으로 10GWh(기가와트아워) 급의 SMES, 이것은 지름 약 300m의 초전도 자석 3대로 구성된 대규모의 것인데, 그 개념 설계를 하여 피크셰이빙용 전력 저장의 대표격인 양수 발전과 비교하여 대폭으로 저장 효율이 향상된다고 지적했습니다. 그러나 이 대형 SMES에서는 초전도 자석의 전자력 지지가 큰 문제이므로 그들은 지하의 암반으로 떠받는 방안을 제안하고 있습니다. 그 후, 미국에서는 1983년에 약 8kWh급의 SEMS를 실계통에 편성하여 1년간의 운전으로 전력 계통의 안정화에 위력을 발휘한다는 것이 확인되었습니다.

일본에서는 1986년에 초전도 에너지 저장연구소가 탄생하여 피크셰이빙용으로서 5GWh의 SMES에 대해 종래의 금속계 초전도재를 사용한 경우와 최근의 고온 초전도재를 사용한 경우에 대해 비교 검토하고, -150℃ 레벨의 초전도재를 사용하면 저장 효율의 향상에, 또한 상온의 초전도재를 사용하면 대폭적인 건설비의 삭감에 기여할 수 있다고 보고하고 있습니다.

최근의 일본에서의 또 하나의 동향은 1MWh급의 SMES를 개발하려는 것입니다. 이것은 제15화에서 이야기한 중앙 리니어 신칸센의 전력 공급용이며 '초전도 리니어의 전력 공급은 초전도 SMES로'라는 구상으로 앞으로의 진전이 크게 기대되고 있습니다.

송전, 발전

이어서 송전인데 송전도 초전도의 전기 저항 0의 특성을 살린 분야이며 1970년대부터 세계 각국에서 교류·직류 송전의 양쪽 모두를 연구 개발하고 있습니다. 그러나 종래의 액체 헬륨 냉각으로는 전력 저장과 같이 냉각 비용이 부담되므로 상당한 대용량 송전이 아니면 경제성이 없다는 결론으로 실용화는 이룰 수 없었습니다.

그러나 고온 초전도의 출현으로 ① 채산점이 비교적 소용량으로 옮겨진 것, ② 전력 수요의 증대에 마침내, 도시부에서의 송전 용량 확충에 필요한 것 또한, ③ 현상으로는 고온 초전도선은 고자기장에 약하므로(액체 질소 냉각의 경우) 1,000G 정도의 자기장밖에 발생하지 않는 송전에 사용하기 편하다는 등의 이유로 활발하게 적용 검토가 이루어졌습니다. 그 검토 예의 하나로서 도쿄 도심부의 지하 송전선은 초전도화함으로써 송전구는 그대로 두고 송전 용량을 2배 증가할 수 있다는 보고도 있습니다. 고온 초전도재의 실용화로서는 이 송전이 가장 빠를지도 모르겠습니다.

이어서 발전기인데 대용량기의 초전도화를 목표로 하는 연구 개발은 미국을 선두로 하여 1960년대부터 시작하여 현재 50MW급까지는 이미 개발되어 있어, 목하 각국은 공히 수백 MW기를 개발 중입니다. 일본도 1987년에 초전도 발전 관련기기·재료 연구조합이 조직되어 200MW기의 개발을 지향하고 있습니다. 이 분야도 종래의 액체 헬륨 냉각에 의한 초전도로는 1,000MW기가 되지 않으면 경제성이 없다고 일컬어졌지만, 액체 질소 냉각의 고온 초전도에서는 500MW 이하라도 경제성이 있다는 보고도 있어 매우 현실적으로 되었습니다. 그러나 대용량 발전기는 특히 고도의 신뢰성을 필요로 하므로 그 완성까지는 저온 기술도 포함하여 아직 상당한 실용화 연구가 필요하다고 생각합니다. 초전도 발전기로서는 특히 경량소형화가 요구되는 선박이나 항공기용 같은 특수한 것이 먼저 실용화될 가능성도 다분히 있습니다.

끝으로 변압기인데 이것은 현재의 교류 전화 사회에 없어서는 안 될 것으로 변전소용의 초대형기에서 가전제품에 끼어드는 소형기까지 무수한 변압기가 주변에 있습니다. 그러므로 발전기의 초전도화 연구와 동 시기부터 변압기의 초전도화도 시도되었으나, 특히 1960년대의 초전도선은 교류를 통하게 하면 전기 저항이 발생하여 사용할 수 없었습니다. 그 후, 직류용으로서도 초전도 소선을 수십 μ으로 가늘게 하면 초전도 상태가 안전하다는 것이 판명되어, 그 연장으로서 교류에 대해서는 1μ 이하라는 극세선으로 하면 전력 손실이 매우 작아진다는 것을 알게 되었습니다. 이러한 교류용 전도선은 1980년대에 들어 판매되기 시작했고 1980년대 후반부터 변압기의 시작도 이루어지고 있습니다. 그러나 이 분야에도 초전도기가 경제성을 가지려면 변전소용 등의 초대형기이며, 가정용 소형기로서 초전도 변압기가 친숙한 것이 되는 것은 상온 초전도 시대에 들어선 다음부터라고 생각됩니다.

이상과 같이 전력 분야에서의 초전도 응용의 연구는 매우 긴 역사를 갖고 있으나 그 경제성이 모두 대용량기가 아니면 성립되지 않는다는 이유 때문에 실용화는 이루지 못하고 있습니다. 그러나 지금의 전력 수요의 증대, 또한 고온 초전도에 의한 경제성으로의 소용량화 경향이 상호 작용하여 초전도 전력 기기의 실용화 기운은 가속도로 증대하고 있습니다. 21세기 초엽에는 우리들은 초전도 전기의 혜택을 받게 되는 것은 거의 확실합니다.

기초 과학 분야

기초 과학용의 설비는 경제성에 앞서 우선 그 성능이 중요하므로, 특히 초전도 자석은 그 강자기장 성능이 높이 평가되고 나서 사용됩니다. 그 대표적인 것이 NMR(핵자기 공명) 등의 물성 연구용 그리고 소립자 물리 실험용입니다.

우선 물성 연구용인데 이 분야는 비교적 소규모의 자석이므로 20년 이상 전부터 판매되어, 대학 등의 연구 기관에서도 이미 다수가 가동되고 있습니다. 이 분야에서의 금후의 동향은 고자기장화입니다.

현재 초전도 자석의 자기장 최곳값은 약 20만G로서 그 이상의 고자기장은 수냉각 구리선 코일을 병용하며, 정상 자기장에서는 약 30만G까지 사용할 수 있습니다. 이 경우, 구리선 코일로의 전력 공급이 어려워, 지름 3㎝와 공간에 30만G의 자장을 발생시키는데 무려 1만㎾나 되는 전력을 필요로 합니다. 만일 이것이 모두 초전도 자석으로 실현될 수 있다면 초전도선에 대한 전력 공급은 무시할 정도로 작아집니다. 가령 액체 헬륨 냉각의 경우, 그 전력으로는 300㎾ 정도 필요할 뿐으로 초전도 자석의 위력, 즉 에너지 절약 효과는 충분히 발휘됩니다. 그러나 현상으로는 30만G라는 고자기장에 견딜 수 있는 초전도선은 없으므로, 이제까지 몇 번이나 이야기한 대로 고자기장 특성이 뛰어난 고온 초전도재에 대한 기대는 대단히 크다고 하겠습니다.

자장이 더욱 커져 50만G나 100만G가 되면 물질 중에 가득 있는 전자의 운동에 영향이 나타나므로 신기능 재료 합성 등에 무한한 가능성이 보입니다. 이러한 초고자기장은 현상으로서는 펄스적으로만 얻어질 수 있으며, 충분하게 그 고자기장 위력은 발휘하지 못하고 있지만, 고온 초전도재에는 100만G 정도의 고자기장을 정상적으로 발생할 가능성도 있어 21세기의 신기능재 개발의 관건 기술의 하나로서 그 실현이 기대되고 있습니다.

움직이기 시작한 초대형 양자 싱크로트론 계획

다음은 소립자 물리 실험으로 옮기겠는데 여기에도 또한 꿈으로 가득찬 분야입니다. 제17화의 끝에서 파이 중간자에 의한 암 치료의 이야기를 했는데 그때 원자핵 속에는 중성자와 양자(수소 이온)가 있고, 그것을 연결하는 것이 파이 중간자라고 했습니다. 여기에서는 그 이야기를 한 걸음 더 나아가 중성자나 양자도 다시 몇 종의 기본 입자로 구성되어 있다고 말씀드려야 하겠습니다.

실제로 이 우주의 성립은 양파 같은 것으로, 가령 태양의 둘레에는 지구나 기타 행성이 돌고 있고 그 지구는 원자, 분자로 구성되어 있고, 그 원자는 원자핵의 둘레에 전자가 돌고 있는 구조이고, 다시 원자핵은 양자나 중성자로 이루어져 있고, 그 양자나 중성자는… 식으로 같은 구조의 되풀이를 하고 있습니다. 원숭이가 눈물을 흘리면서 양파를 벗기는 것처럼, 우리의 선배 과학자들도 대단한 고생을 하여 이 양자의 구조를 구명해왔습니다. 그러나 아직 그 속 심저까지는 완전히 구명되지

그림 19.1 | 초전도 자석을 사용한 전자양자 충돌 가속기 '트리스탄'이 있는
쓰꾸바(筑波)의 고에너지 물리학연구소 전경(사진/고에너지물리학연구소)

못하고 있습니다.

그 구명을 향하고 있는 이 소립자 물리 분야에서의 현재의 최대 과제가 무엇인가 하면 양자나 중성자를 구성하고 있는 기본 입자를 실험적으로 확인하는 것입니다. 그러기 위해서는 양자나 중성자를 파괴할 필요가 있는데 여기에는 대단한 에너지를 필요로 합니다. 그것을 위해 현재 실시되고 있는 방법은 양자를 1조V의 전압으로 가속하여 그것을 충돌시켜 파괴하려는 것입니다. 이러한 고전압으로 양자를 가속하는 데는 싱크로트론이란 장치를 사용합니다.

현재 세계 최대의 양자 싱크로트론은 미국 시카고대학의 페르미연구소에 있습니다. 이 장치로는 양자를 0.9조V까지 가속할 수 있으므로, 이 장치는 영어의 '조(兆)'를 나타내는 접두어 T(테라)를 머리에 붙여

'테바트론'이라 불리고 있습니다. 이 싱크로트론은 지름 2㎞, 둘레 0.3㎞의 링 모양으로 이 링 속에 양자를 몇 번이고 돌려 최고 0.9조V까지 가속합니다.

그러나 이러한 양자 빔은 전류이므로 이것을 원 궤도와 달리 달리게 하려면 자기장이 필요합니다. 즉 플레밍의 왼손 법칙에 따라 양자 빔의 상하 방향으로 자기장을 발생시켜 그 궤도를 휘게 합니다. 이 자기장은 궤도의 전주, 즉 전장 6.3㎞ 전체에 걸쳐 필요합니다. 그리고 필요한 자기장의 강도는 4만 5,000G이므로 초전도 자석을 사용할 수밖에 없습니다. 요컨대 6.3㎞ 전체 길이를 초전도 자석의 터널로 하지 않으면 양자를 1조V까지 가속할 수 없습니다.

이 엄청난 계획에 미국은 과감히 도전하여 1972년부터 우선 초전도 자석의 개발을 시작하여 1985년에 양자 싱크로트론 설비를 완성시켰습니다. 이 초전도 자석으로는 빔 궤도를 휘게 하기 위한 길이 약 6m의 것 780대, 빔을 조이기 위한 소형의 것 220대 등이 있으며, 이것을 이어서 링 모양이 구성되어 있습니다. 초전도선은 당연히 종래의 금속계이므로 이러한 것은 모두 액체 헬륨으로 냉각할 필요가 있습니다. 그러므로 당시 세계 최대의 헬륨 액화 장치(액화량 매시 5,000ℓ)도 개발했습니다. 하여튼 지금까지의 초전도 장치는 안방의 시골 처녀와 같은 감이었는데, 이 테바트론의 완성으로 초전도 자석의 대량 생산 기술에서 계열 전체의 냉각 제어 기술까지 일단, 공장 감각으로 물건이 된다는 안심감이 전 세계로 퍼졌습니다.

이 성과를 이어 유럽에서는 1987년에 독일을 중심으로 헬라 계획이 시작되었습니다. 이 계획은 0.8조V로 가속된 양자와 350억V로 가속된 전자를 충돌시키는 것으로 둘레 6.4km의 링 전체를 초전도 자석으로 연결합니다. 이 장치를 1989년에 완성하고 1990년부터 조정 운전이 실시되고 있는 것 같습니다. 또한 소련에서도 3조V의 양자 가속 장치가 개발 중이며 1990년대에는 완성 예정이라 했습니다.

끝으로 미국의 초전도 초대형 양자 싱크로트론 계획, 이것은 통칭 SSC 계획으로 불리는데, 이것을 소개하겠습니다. 이 계획은 20조V까지 양자를 가속합니다. 현존하고 있는 미국의 테바트론이나 유럽의 헬라의 20배입니다. 따라서 싱크로트론의 지름은 약 24km로서 다소 타원형이며 둘레는 83km나 됩니다. 이 양자 싱크로트론의 건설지는 텍사스주로 정해졌으며 이미 제1차 예산도 승인되어 건설이 시작되었습니다. 이 프로젝트에서도 전 둘레를 초전도 자석으로 연결할 필요가 있어 이미 시작기도 제작되었습니다. 이 설비도 금세기 중에는 완성되어 소립자 물리에 새로운 한 장이 열릴 것으로 기대되고 있습니다.

이상 말씀드린 대로 소립자 실험 분야에서는 매우 대규모의 초전도 시스템이 개발되어 있으며, 이러한 기술은 언젠가 초전도 산업기기의 개발에도 기여할 때가 오리라 생각합니다.

고온 초전도의 현상과 미래

　지금까지 이야기한 초전도의 특징이나 그 용도를 보면 만일 이것이 상온에서 사용할 수 있게 된다면 현재의 전화 사회에 대혁명이 일어나리라는 것은 충분히 상상할 수 있습니다. 따라서 몇십 년이나 옛날부터 초전도 임계 온도(전이 온도)의 상승은 초전도 전문가들의 꿈이어서, 1911년의 수은(-269℃)에서의 초전도 현상 발견 이래 1973년의 나이오븀-저마늄 화합물(-250℃) 초전도체의 발견까지 연당의 온도 상승은 약 0.3℃라는 슬로우 템포였으나 서서히 상승해왔습니다(그림 4.4).

　그러나 그 이후는 임계 온도의 상승은 멈춰져, 상온 초전도의 꿈은 사라지는 것같이 보였습니다. 여기에는 제4화에서 이야기한 초전도의 기초 이론인 BCS 이론도 한몫 끼었습니다. 즉 BCS 이론에 의하면 초전도체는 개략적으로 말하여 (자유 전자의 수)×(자유 전자와 금속 격자 간의 인력작용의 강도)가 클수록 임계 온도가 높아집니다. 그러나 상식적으로 생각하여 자유 전자와 금속 격자 간의 인력 작용이 강해지면 그만큼 자유 전자는 속박되어 그 수는 적어지므로, 앞에 말한 곱의 값은 어느 정도 이상은 커지지 않습니다. 따라서 초전도체의 임계 온도도 상한값이 있어 계산에 의하면 그 온도는 약 -240℃라고 합니다.

　그런 강력한 엄호 사격도 있었으므로, 임계 온도 -250℃ 이상의 초전도체가 좀처럼 발견되지 않은 것으로도, 이젠 초전도 임계 온도는 슬슬 상한에 가까워졌다는 분위기가 대세를 점하고 있었습니다. 뭐라 해도 초전도는 양자 효과가 매크로의 세계에 얼굴을 내민 드물게 보이는 현상이므로, 그렇게 고온으로 나타날 일은 만무하다는 것도 얼핏 보기에는 타당한 것 같은 이유도 있었습니다.

이럭저럭하는 사이에 1986년이 되어 스위스의 베드노르츠 팀은 란타넘계 세라믹스의 초전도 임계 온도가 -235℃라는 논문을 발표했습니다. 놀랍게도 일시의 BCS 이론의 한계를 초과한 것입니다. 그러나 연구자들은 즉각적인 반응을 나타내지 않았습니다. 지금까지도 보다 임계 온도가 높은 초전도체를 갈망하는 나머지, 재현성이 결여된 고온 초전도체의 발표는 자주 있었기 때문입니다. 그러나 이번에는 달랐습니다. 베드노르츠 등의 발표로부터 반년이 지나 그들의 데이터는 재현성이 있다는 것이 판명되었습니다. 여기서부터 세계적인 고온 초전도 열기가 달아오르는 것은 아시는 대로입니다.

그리고 다음 해인 1978년에는 이트륨계 세라믹이 -181℃에서 초전도로 된다는 것이 발견되었습니다. 이 발견도 참으로 획기적입니다. 초전도 임계 온도가 저온 액체로서는 매우 사용하기 쉽고 일반적인 액체 질소의 끓는점(-196℃)을 넘었기 때문입니다. 이것으로 고온 초전도는 진짜일 것이라는 인식이 일반화되어 고온 초전도 연구에 박차가 가해졌습니다. 그 결과 1988년에는 -163℃의 비스무트계 세라믹과 -148℃의 탈륨계 세라믹이 연이어 신 초전도체로 발견되었습니다. 그러나 그 이후 1990년 8월까지 2년간은 다시 임계 온도의 상승은 멈추고 있었습니다.

그 사이에 상온 초전도체 발견의 뉴스도 몇 번이나 전해졌으나 재현성이 없으므로 인지되어 있지 않습니다. 이 같은 세라믹계 물질 중에 과연 상온 초전도체가 있는가, 혹시 다른 장르의 재료, 예를 들면 인간의 신경을 구성하는 유기물 속에 숨어 있는가, 실제 인간의 신경 전달은 상온 초전도로 이루어지고 있지 않은가 하는 발상으로 유기 초전도체의 연구도 활발이 이루어지고 있으나, 이것이야말로 하나님만이 아는 조화일 것입니다.

임계 전류·임계 자기장 확대의 가능성

다음은 전류입니다. 초전도체에 통전하면 어느 전륫값 이상으로 되면 초전도 상태에서 상전도 상태로 전이하므로 전류는 흐를 수 없게 됩니다. 이 전륫값을 임계 전류라고 부르고 있습니다. 고온 초전도체가 사용할 수 있게 되려면 이 임계 전륫값이 종래의 금속계 초전도체와 같을 정도(자기장 없이 1㎟당 1만A 정도)가 매우 바람직합니다. 이 연구는 1987년의 중반쯤부터 이트륨계에 대해서 본격화했습니다. 공시체는 결정 구조를 제어하기 쉬운 박막(스파터링막 등)으로, 1988년 초에는 바로 1만A(액체 질소 냉각, 자기장 없이)를 달성하고, 이 물질의 기본 특성으로서 충분한 실용적인 전륫값을 흐르게 할 수 있다는 것이 판명되었습니다.

다음 문제는 자기장입니다. 이제까지 말했듯이 초전도 응용의 대부분은 강자기장을 사용합니다. 따라서 초전도체 중에는 전류가 잘 흐른다 하여도 그것이 강자기장 속에서 흐르지 않으면 가치는 반감합니다. 그러나 고온 초전도체는 현재도 이 점에 대해서는 문제가 있습니다.

그럼 잠시 여기에서 초전도선에 자기장이 발생하고 있는 경우와 발생하고 있지 않은 경우에서 왜 전룻값이 다른가를 생각해보기로 합시다.

구리선은 자기장의 유무에 관계없이 소정량의 전류를 흘릴 수 있는데 어째서 초전도선은 그렇지 않을까요. 그 까닭은 제4화에서 이야기했듯이 금속계의 나이오븀-티타늄 합금이든 여기에서 문제로 삼고 있는 세라믹계 고온 초전도체이든 모두가 제2종 초전도체에 속한다는 것입니다. 이러한 초전도체에 자기장이 생기면 많은 실 모양의 상전도부가 초전도체를 관통하여 이 상전도부에는 자속이 들어갑니다. 이러한 상태에서 이 초전도체에 전류가 흐르게 되면 플레밍의 왼손 법칙에 의해 초전도체를 관통하고 있는 자속에 전자력이 작용하여 이 자속이 초전도체를 가로질러 유출합니다. 그때 이 자속이 금속 원자 등과 충돌하여 발열합니다. 초전도체는 전자의 흐름에 대해서는 전기 저항 0으로 발열은 없으나, 자속류(磁束流)에 대해서는 초전도가 아닙니다. 이 열로 초전도체의 온도가 임계 온도 이상으로 되면 초전도 상태에서 상전도 상태로 전이하고 그 이후는 전류가 흐리지 않게 됩니다.

실은 고온 초전도체는 현상으로는 이 자기장 특성이 별로 좋지 않습니다. 이상적으로 만든 박막에서도 액체 질소 냉각으로 수만G의 자기장이 생기면 현재의 금속계 실용선재보다도 전류가 통하지 않습니다. 약 20년 전에는 금속계 초전도선재에서도 같은 문제가 생겼으나, 10년도 못 미쳐 이 자속류를 저지하는 방법 등이 개발되어서 오늘과 같은 우수한 성능을 이룩하게 되었습니다. 그러므로 이 고온 초전도체에서

202

도 같은 수법 등으로 해결되리라 기대되고 있으나 액체 질소 온도라는 '고온'으로는 그 열운동 때문에 자속류를 멈추는 것은 불가능하지 않을까 하는 염려도 있어 아직 장래를 판별할 수 없습니다.

선재(線材) 가공이 큰 문제

고온 초전도체의 마지막 문제는 선재화입니다. 특히 세라믹계라 연한 재료를 어떻게 유연성 있는 선재로 가공하는가가 큰 문제입니다. 아무리 고온 초전도체로서의 본 특성이 뛰어나 있어서 그것이 실용적인 선재로 가공될 수 없다면 매력은 반감합니다. 그런 뜻에서 1987년부터 우선 이트륨계의 선재화, 1988년부터는 비스무트계의 선재화에 관한 연구개발이 시작되었으나 이것은 매우 어려운 문제입니다. 어떻게든 선재는 만들었다 하여도 박막으로는 충분히 해결되었을 터인 전류 밀도가 상승하지 않습니다. 가령 최근 가장 진보가 현저한 비스무트계 선재도 1990년 초의 시점에서 전류 밀도는 1㎟당 200A(액체 질소 냉각, 자기장 없이)이며 박막의 경우와 비교하여 100배나 적은 것이 현상입니다.

또 큰 문제인 것은 선재 가공한 고온 초전도재는 자기장에 대해 특히 약하다는 것입니다. 즉 1~2만G 정도의 자기장이 생기면 그 선재에 흐르는 전류 밀도는 구리선 정도(1㎟당 5A)가 되는 경우도 있습니다. 오직 유일한 구원은 고온 초전도선재의 기술이 최근에 점차 진보하여 근 1년으로 전류 밀도는 10배로 증가했으며 앞으로 더욱 상승할 경향이 있다는 것입니다. 장래에 액체 질소 냉각으로도 충분한 전류 밀도를 유지할 수 있는 선재가 개발될 가능성은 충분히 있다고 여겨집니다.

고온 초전도재를 극저온에서 사용한다

이러한 현상을 넘어서 최근의 하나의 경향으로는 고온 초전도선재를 액체 질소 온도 이하의 액체 헬륨이나 액체 수소로 냉각하여 사용하려는 것입니다. 이처럼 극저온으로 냉각하면 초전도체 중의 자속의 흐름이 멈추는 것을 발견했습니다. 그리고 1990년 8월 현재 확인된 바로는 실험실 수준의 시작 초전도선으로 30만G의 자기장이 걸린 상태에서도 1㎟당 2,000A 정도가 흐릅니다. 이것은 참으로 대단한 것입니다. 현재 금속계에서도 가장 고성능인 초전도선에서도 20만G로 1㎟당 100A(액체 헬륨 냉각)밖에 흐르지 않으며 30만G에서의 전류 밀도의 0과 같을 정도입니다.

이러한 고온 초전도선재의 특성을 이용하여 30~40만G 정도의 자기장 발생 장치를 개발하려는 구상이 있습니다. 종래 이러한 고자기장은 초전도에서는 발생하지 않았으므로 구리선 코일로 발생시키고 있습니다. 그러나 구리선 코일에는 전기 저항이 있으므로 막대한 전력을 필요로 합니다. 이것을 고온 초전도선재로 대체할 수 있으면 대단한 에너지 절약 효과와 함께 장치 전체가 소형으로 간략화됩니다.

고온 초전도의 응용과 꿈

끝으로 고온 초전도 응용의 현상과 앞으로의 꿈을 이야기하겠습니다. 이 분야의 제품화를 처음으로 시작한 것은 자기밀폐 장치입니다. 이것은 액체 질소에 의한 냉각으로 주로 스퀴드에 의한 생체자기 계측용으로 사용되는 것입니다. 이미 제품화 계획을 발표한 메이커도 있습니다. 스퀴드는 특히 고감도로 자기장을 계측하므로 지구 자기장 등의 소음자기장은 밀폐가 필요합니다.

이것에 이어서 고온 초전도 스퀴드 자체도 제품화가 가깝다고 여겨집니다.

그것을 받아서 액체 질소 냉각에서는 자기장이 비교적 낮은 지중 송전이나 MRI, 또는 액체 헬륨으로는 30만G급의 강자기장 발생 장치, 그리고 그 응용 기기로서 전자추진선 등의 개발 연구가 활발해져 금세기 말에는 일부 실용화도 시작될 것입니다.

21세기에 들어서면 상온 초전도체도 발견되어 초전도 고속도로를 비롯하여 가전제품, 장난감 등 일시에 우리 주변에 초전도 응용 기기가 범람하는 것은 아닐까요. 초전도 발견 100주년에 해당하는 2011년에는 과연 어디까지 진전할 것인지 꿈은 그치지 않습니다.